好好装修不将就

收纳女王
教你从扩容
到收纳一步到位

卞栎淳 著

中信出版集团 | 北京

图书在版编目（CIP）数据

好好装修不将就：收纳女王教你从扩容到收纳一步
到位／卞栎淳著． —— 北京：中信出版社，2020.11
ISBN 978-7-5217-2265-9

Ⅰ．①好… Ⅱ．①卞… Ⅲ．①住宅－室内装饰设计
Ⅳ．①TU241

中国版本图书馆CIP数据核字(2020)第178588号

好好装修不将就——收纳女王教你从扩容到收纳一步到位

著　　者：卞栎淳
出版发行：中信出版集团股份有限公司
　　　　　（北京市朝阳区惠新东街甲4号富盛大厦2座　邮编　100029）
承 印 者：北京联兴盛业印刷股份有限公司

开　本：880mm×1230mm 1/32　　　　印　张：6.5　　字　数：120千字
版　次：2020年11月第1版　　　　　　印　次：2020年11月第1次印刷
书　号：ISBN 978-7-5217-2265-9
定　价：68.00元

目录

第一篇章

装修前的空间规划

推荐序一

空间管理师对你说

家庭空间管理师是做什么的？很多人可能知道整理收纳师，她们帮助客户解决家里"乱"的问题，而空间管理师不仅解决物品的"乱"，还会解决空间不合理的问题，通过重新规划、改造扩容，让整理后的效果易维持。

近几年整理收纳很火，整理方法五花八门，对于初识整理的人来说，刚开始的改变是很大的，但家人不懂整理，也无兴趣学习，只有自己的一腔热血，维持成了最大难题。由于工作原因，我每天都会面对大量前来咨询整理收纳课程的人，有整理收纳师，也有大量阅读过相关书籍、学习过各种收纳技巧，甚至还参加过比较规范的线下培训的爱好者，他们反馈的一个共同问题是，整理完用着用着又乱了，难以维持。

整理后的效果不能只定格在完成的那一片刻，它是要被生活反复检验的。服务结果交付给客户后，要做到客户和他的家人可以轻松复原，不费力就能维持整理结果，这就是家庭空间管理师的工作。

没有一劳永逸的事情，但是可以找到让人容易坚持做下去的方法。生活就是日复一日地循环劳作，为了维持生命，每天都得吃饭；为了干净，则要洗碗、打扫卫生、刷牙、洗脸……人们不会觉得每天吃饭很麻烦，每天刷牙很费事，因为它和生活已融为一体，人们早已习以为常，当你习惯去做某件事时就不难了。如何让自己和家人把整理生活当成刷牙、洗脸一样的日常，不用很痛苦、花太多时间去维持，就能达到你想要的井然有序的生活状态呢？

家庭空间管理方法至关重要。它的逻辑是，首先，通过合理规划，最大化利用空间。东西多，没地方放，首先考虑的不是扔东西，而是审视空间规划的合理性，是不是储物柜太少？有储物柜，但内部格局不便收纳，造成空间浪费怎么办？家具的摆放方位和角度也会影响容纳率，如果换一个方向，家里可能还可以多放一个储物柜。其次，根据家人居家生活习惯的动线来规划物品的收纳位置。比如拆快递的剪刀，是应该收纳在电视柜、书桌抽屉，还是玄关抽屉（或储物柜）？这要考虑你的习惯，你是否习惯收到快递就迫不及待拆开，如果是，剪刀应该收纳在玄关抽屉。这样一开门，从快递小哥手中接过快递，不用挪步或只要走最少的步数，就可以拿到剪刀立马拆开。如果是大件快递，取出物品后，把包装盒快速扔到过道的垃圾箱，避免二次劳作。如果过了很久才想起要扔包装盒，这时你可能在卧室或客厅，就得多走几步去扔，时间和体力上都会消耗更多。这种布局还能避免快递搬进屋里弄脏了地板，如果是有洁癖的人，还得拖一下地，又增加麻烦。最后，简化收纳方法和步骤。拿衣服收纳举例，明明可以挂起来，为什么要叠呢？比如收拾一件晾干的衣服，挂衣收纳法只需两个步骤，从阳台取下，走到衣柜挂进去。如果是叠衣服，则要从阳台取下，走进卧室，坐在床上开始叠衣服，叠完再放进衣柜。这里展现的只是收纳衣服，实际还有后续每天从衣柜挑选及穿衣的过程，所以把衣服叠起来很容易翻着翻着就乱了。大多数人都是比较懒的，就像我们常说能躺着就不坐着，能坐着决不站着，空间管理方法就是一种帮助人们用最能偷懒的方法实现有序、精致的生活。

我曾经租过房、买过二手房，也买过毛坯新房。租房时最让我头痛的是家电，质量不好经常会坏，家电在使用过程中坏了非常影响心情，与房东沟通维修或置换也让我觉得很麻烦。买二手房时我刚参加工作两年，没钱装修，只刷了一下墙就入住了，大部分家具是原来房东留下的，我在这里住了四年，物品越来越多，由于最初储物柜太少，我后来又陆续增加了鞋柜、酒柜、衣柜和阳台杂物柜。所以再买房装修时，我把前面租房、二手房生活中遇到的给生活添堵的所有问题都解决了。容量够大的鞋柜设计，不用担心鞋子太多没地方放。阳台上的储物柜设计，让拖把、扫帚、扫地机、吸尘器这些打扫卫生用的物品终于有了固定的容身之处。还有网球拍、羽毛球拍、篮球、高尔夫球杆等运动类物品，以及家庭工具箱、园艺工具、行李箱等物品也有了归属。衣柜设计决持遵循能挂不叠原则，大部分都是挂衣区，不论当季、过季的衣服全部挂起来，再也不用每个月把层板上的衣服掏出来再叠整齐放回去。所有的物品都有了固定的收纳位置，每一个储物空间都用到极致，并且预留了现在用不上但是未来家庭成员变化后所需的储物位置。

当看完卞老师这本书的初稿时，我异常兴奋，感叹终于有一本能站在居住者角度来写的家庭装修指南书了，市面上更多的是从设计者的角度写的。如果在七年前就有这样一本书，我想我的装修之路就不会这么辛苦了。从居住者角度写规划设计，解决了很多居家生活的现实问题。卞老师之前的《留存道》《收纳，给你变个大房子》这两本书主要说的是整理理念和方法，是从正在居住的家的角度来讲规划和收纳，就像外科医生，给有"病"的房子做诊断、做手术。本书是从物品收纳角度来讲装修的空间规划，从源头解决了未来在这个房子里生活的收纳问题。经过 2003 年的 SARS 和 2020 年波及全球的新型冠状肺炎等公共卫生危机，更多的人意识到提升自身免疫力的重要性，免疫力才是最好的医生。本书就像一位营养师，属于预防医学，教你如何提升房子的"抗乱免疫力"，避免未来"生病"。书中教给大家上述提到的各种储物柜的规划位置，包括柜体里的格局设计、尺寸大小，以及如何收纳达到易维持的状态，甚至具体到插头、插座的位置如何设置，可以避免过多裸露的数据线而影响美观，还有家电选择、软装配色的小知识，这些你能想到的、想不到的知识点和细节都包含在内。装修一定会留有遗憾，即使卞老师也不例外，如何去弥补这个遗憾，让新家尽量接近你最想要的样子？卞老师在书中还会告诉大家她是如何弥补她的小遗憾的，相信热爱生活的你看了之后也能触类旁通，顺利解决自己装修中的小遗憾了。

这不仅是一本装修指南书，更展现了一位空间管理师用家来诠释自己对生活的热爱。卞老师的家，每一个装饰品都有一段旅行故事，每一幅画都有她创作的思绪，家里的配色都源自大师名画的灵感。用科学的方法打造家的有序空间，用心来温暖这个家庭，这就是卞老师的家。

让我们跟随卞老师的文字一起去探秘吧。

傅子錞

留存道空间管理师

留存道创始团队成员

推荐序二

你的家是让谁住的？

我与卞老师是多年的好朋友了，在我的印象里，她时尚、美丽、性格开朗、思维敏捷、做事认真。虽说大家都在北京，但由于工作忙也不经常见面，不过每年无论是于公还是于私也总会小聚几次。见面除了聊聊家常，不免会聊到大家工作、生活的近况，当然也时不时地相互调侃几句，从不见外。用我的话说：毕竟大家都是性情中人，旁边又没有摄像机，还是随意些更自在，也更真实。就是这样普普通通的真实，加上对一些事物的认知相同，每次我们都聊得不亦乐乎。

某天接到卞老师的电话，她说我给她设计的家已经竣工了，作为她新家的设计师，她想邀请我去家里做客。她说她正在准备一本新书，希望跟大家聊聊她从事衣橱整理这几年获得的经验，不高谈阔论，要很接地气的那种，并通过自己家的设计和空间规划作为案例，跟大家探讨一下如何通过家居设计、空间整理打造一个真正适合自己的空间。她希望我能在室内软硬装的色彩搭配和材质运用方面给大家一些建议，也希望通过这本书给大家一些启发。听到这里我特别赞同，也决定通过自己这些年从事室内设计的工作经验，跟大家分享一些心得和体会。

我在校所学的是环境艺术设计与空间设计、土木工程专业，大学毕业后从事室内设计工作已有十几年的时间了，这些年来大大小小的项目也参与了不少，但主要以酒店、办公、商业、地产、工装类为主，对于家居类的设计其实涉及并不算太多。但毕竟都是在做空间与人之间的关系规划，色彩搭配、材质选择与工艺做法又基本相同，加上卞老师的热情邀请，所以我还是决定通过自己的专业为她设计和规划一下她的家。记得当时我问她："为什么让我设计？"她说："因为我觉得你了解我和我的喜好。"这句话让我又一次感受到，室内的空间设计终究是要为使用的主人去服务的。

在了解了卞老师新家的整个户型的空间情况，卞老师平时的生活习惯、个人喜好、家庭人员结构以及未来几年的生活规划后，我们共同探讨了整个空间的使用功能和人员动线规划。在平面设计图上，我将整个空间分割成独立的单元，对每个单元的使用功能做了详细的区分，并针对不同空间的功能所使用的家具的尺寸进行了反复的推敲，同时针对未来使用的家电所需要的开关面板进行了合理的布局。最终在对空间进行平面规划上实现了使用者对功能的要求，并尊重了使用者的生活习惯，确定了平面布置图的设计方案。

接下来就到风格定位的设计阶段，在对空间主人的喜好、工作性质、年龄和社会地位等一些个体特质了解以后，我最终决定采用混搭的设计风格，以及比较时尚的跳跃色彩搭配。虽然整个空间的色彩比较跳跃，但是每个主体的颜色都是经过色板调和后的颜色，并非纯色，让人感受到在色彩跳跃的基础上又不失色彩的厚重感。

在室内硬装完成之后，就到了软装设计的阶段了。前面提到了，在平面布置初期，我已经对家具的功能和尺寸进行了反复的推敲，所以在软装设计方面，我只是针对家具的材质、款式还有样式进行挑选，至于风格方面，就是"仁者见仁，智者见智"的事情了。整体软装的选型采用了混搭风格，房间里所有的家具和软装配饰都是卞老师所喜欢的，甚至每一张挂画都被赋予了独特的意义。

我想通过卞老师的家庭设计和装修的过程给大家一些启发，其实设计和装修是一件有趣并且有意义的事情。说有趣，是因为在一个空间里，你可以尽情地去发挥想象力，让这个原本冰冷的钢筋水泥的空间变成自己喜欢的空间。说有意义，是在于这个空间对你而言是独一无二的，算得上是为你自己服务的专属空间。身边有些朋友在准备设计和装修自己的家之前，都是怀着兴高采烈的心情，但是咨询完身边有过相似经历的朋友，并得到一些别人的建议后，却慢慢变得纠结起来，之前的开心也一点点地消除，甚至把设计和装修视为负担。所以有些朋友遇到这样的问题来找我解决的时候，我总会反问他们："你的家是给谁住的？"接下来我就会告诉他们，世界上没有完美的事情，也没有完美的设计。只有你喜不喜欢，以及适不适合你。每个人都要做自己，即使是在给自己家装修的时候，都要思考这几个问题。把一个空间变成让它为你服务，你在这个空间里居住、生活感到舒服并且留恋，满足你生活的方式和习惯，那么它就是最适合你的。朋友给你的建议也只是建议，如果适合可以采纳，如果不适合就可以不去理会。毕竟他们不是你，毕竟你们的生活习惯有所不同。因为自己喜欢的才是最好的，适合自己的才是最好的。

最后，希望我刚才提到的内容可以为那些即将开始设计和装修的朋友带来一些启发。同时，也希望卞老师的这本书能给更多的朋友在家居设计和空间整理方面带来一些启发、帮助和指导。

张 博

环境艺术与空间设计、土木工程专业

建筑装饰设计工程师

高级室内建筑师

中国杰出中青年室内建筑师

一梦又十年

2010 年，我接了一份 300 平方米的大型步入式衣帽间整理的工作，共计 3 万多件衣服，这是我从业的第一单，也是我进入整理行业淘到的第一桶金——10 万元，自此便开启了我的整理师职业之路，这条路一走就是十年。这十年间，我从 0 到 1，从一个人到一群人，从空白的市场到我创立的"中国整理界的黄埔军校"——留存道学院，我一步一步在不断探索这个新兴行业的更多可能性。

从业之初，很多人会给我泼冷水，他们认为整理收纳是每个女人天生就应该会的事情，没必要为此去专门找人来整理，认为这个工作太小众，没办法做成一门生意。但很多人怎么都想不明白，为什么自己在家辛苦地整理完，没几天就被打回了原形，一次又一次陷入重复整理又重复凌乱的怪圈中，这样的整理结果是脆弱的——刚整理完看似很整齐，但是这种整齐可以轻易地被打破，没有可持续性，这样的整理结果也不会有人愿意去付费，自然做不成一门赚钱的生意。

经过十年来在这个行业的深耕，我在成千上万的用户家发现了一个共性问题，那就是职业整理和平时自己在家里整理时所用的方法和呈现的结果是完全不同的。很多人在家自己做整理时，第一件要做的事就是扔东西，但是大部分中国人是不太舍得扔东西的，这里扔的东西指的并不是过期、过时、淘汰的垃圾物品，而是因为东西多、放不下而被迫舍弃的物品，其实房间整齐和扔东西并不一定要二者选其一，物品多和干净整洁的家庭环境是可以兼得的。

你选择扔东西，可能是因为不了解空间规划管理，没有合理利用好空间，想把东西留下来，但不知道该放在哪里，只能优先选择丢弃，而我们做的就是帮助大家把心爱的物品留下来，整理完以后，还要保持整理结果可持续、不复乱。

我们先来了解一下自己在家里整理和我提出的中国式职业整理逻辑的区别在哪里。

自我整理是感性的，主要关注人的诉求。如果想要改变现在的生活方式，需要梳理出一种生活秩序，就是要思考我是谁，家里有哪些成员，根据家庭成员的现状来选择当下需要哪些物品，进行取舍之后，把物品放到相应的空间里面去。自我整理的逻辑顺序通常是：人—物品—空间。

让我们来分析一下人、物品、空间这三者之间的关系。人是有情感又有变化的，而且变化特别快，比如上一秒还觉得自己要减肥，不能多吃，下一秒又会觉得不吃饱了哪有力气减肥。所以，用意识控制欲望这件事是不可控的。再来看物品，物品没有情感，但变化非常多，它的款式多、种类多、颜色多、使用方法多，你确定只通过大脑去筛选变化如此之多的物品，就能够马上做出决断吗？在家庭中，没有情感变化又相对简单的就是储物空间，装衣服的是衣柜，装鞋子的是鞋柜，装锅碗瓢盆的是橱柜，而这些在家具市场长得很相像，内部格局变化有限。因此，从人、物品、空间来看，最简单的就是空间了。所以，我提出的中式整理思维是先从空间着手，先确定空间布局的合理性，再把物品放到相应的空间里，最后用人的使用来检验物品跟人的关系。中式整理的逻辑顺序：空间—物品—人。

这两种逻辑顺序截然相反，中式整理更理性，先关注空间容积率，即在一个有限的房子里是否最大化地利用了家里的储物空间，随着家庭人口增加、物品增加，思考你现阶段的储物空间是否能够满足当下的储物需求，然后调整空间与物品的容纳比例，再把物品放到相应的空间里去。当储物空间再也不能满足新的物品时，你就找到了家庭储物空间的容积边界，自然而然地就会从一目了然的物品中找到不喜欢的或应该淘汰的物品。拿出不喜欢的，放入喜欢的，让储物空间自循环、会呼吸。你将非常清楚哪些物品是常用的，哪些是不常用的，已有的不用重复购买，买错的不会重蹈覆辙，就这样用生活来检验物品与人之间的关系。梳理好这些，剩下的就是将物品从哪里拿的放回哪里去。形成了良好的生活秩序，自然就有时间和精力去感受属于自己的生活方式，直至改变我们的内心。

凌乱的真相到底是什么？是你懒吗？不是。是你爱"买买买"吗？也不是。是你不会收纳整理吗？都不是。而是你的储物空间"生病了"。

近几年，关于"整理"的话题总是频频出现在大众的视线中。关于"整理师"的讨论也越来越多，如"一小时1000元""月入十万""网红行业"，这些关键词的出现，让人们对"整理师"的好奇心飙升，从而渴望成为专业的整理师。目前对于整理师这个职业描述较多的三个词——新兴产业、月入过万、自由职业。以前是没有整理师这个职业的，随着国内生活水平的提高，消费的升级，大家开始慢慢关注家庭生活的品质感，所以衍生出了这个职业，媒体报道中都会提到这个职业的从业者可以月入过万，并且因为是自由职业，可以随意支配自己的工作时间。我想说的是，媒体朋友们把收入说少了，就拿一套100平方米的房子来说，全屋整理收费大概是15 000元，差不多需要2名工作人员，4天的时间可以完成，如果按照每个星期只服务一单来算，一个月4单，工作16天，人均月收入30 000元。

58同城平台数据显示，从2015年下半年起，中国整理收纳服务需求量逐步提升，2016年下半年至2018年底，收纳整理服务商户增速明显，截至

2018 年底，专业收纳整理服务商家同比 2017 年增幅近 100%，用户搜索收纳整理量同比 2017 年增幅超过 125%，2017 年国内收纳市场规模约为 258 亿元，2020 年预计可达到 1021 亿元，收纳作为消费升级领域新项目，国内目前尚处于起步阶段。

这是 2019 年央视财经频道采访我的时候同期公布的行业调查数据，非常幸运，我在十年前抓住了一个职业风口，成为中国收纳整理行业的领军者，创办了留存道学院，帮助无数迷茫的全职妈妈、大学毕业生、职场转型人群找到了新的人生方向，培养了业界 90% 的职业整理师，在全国近 50 个城市开展了 500 多期职业培训课程，上门服务落地团队也遍布全国超过 300 个城市，目前还在为市场不断地输送专业人才。

多年来，我以实际经验摸索出适合中国家庭的整理收纳方法，提出符合中国现阶段国情的"留存道"整理理念，研发专业的培训体系，并制定行业通用收费模式及从业标准。通过对有限空间的科学扩容，帮助客户从根本上解决生活中物品"找不到、看不见、放不下、用不上"的收纳问题。将这个理念从衣橱延伸至居家储物空间的各个区域，从单纯的收纳整理升级到空间管理，既有储物空间的格局规划，又包含物品的整理收纳，这样的服务才会有可持续、不复乱的整理结果，才是客户愿意付费的好服务。

这个新兴的行业未来就这样了吗？并没有，我用理性思维逻辑在家庭空间管理行业里深耕了十年的时间，这十年仅仅是个开始，我们渐渐地变成整个社会分工链条当中既有下游又有上游的纵向独立链条，也是连接各个链条之间横向价值的其中一环。在我们服务的过程中，就如同在每个家庭中安置了洞察生活的传感器，在服务中我们可以看到用户家里真实的使用场景，我们可以清楚地知道什么样的衣柜格局最好用，什么样的橱柜使用最方便，不同类型的家庭都喜欢用什么样的电器、家具及生活用品。上游的家居厂商可以按照我们传感过来的数据做信息分析，从而设计出更好的家居产品。

从生活方式上，下游的用户在家里干净整洁以后，就会产生新的生活诉求，比如换个新沙发、墙上缺幅画、买个烤箱来烘焙等，我们刚好成了大家居市场与家庭需求之间的纽带，帮助市场准确地连接两者之间的供需关系。这才是空间管理这个行业的意义所在。

从 0 到 1，从 1 到 N，让大家从不了解、不认可到完全接受，这条路很长。2017 年，我出版了自己的第一本关于整理理念的书《留存道》，写的是通过个人的成长经历、从业经历衍生出"留存道"的理念和空间改造的想法，从而寻找自己富足且自在的生活；2020 年初，我出版了第二本关于收纳整理技巧的书《收纳，给你变个大房子》，从家庭物品的使用角度来教授物品的收纳方法；如今，我又出版了这本以空间规划为出发点的家装类书《好好装修不将就》，至此，以整理三要素——人、物品、空间为基础的三剑合璧的三本书全部与大家见面了，相信会对你的生活有所帮助。

我们每个人都经历过生命中失去的美好，所以我们更理解人们想把美好留下来的心愿，我当年职业选择的初心也是想帮助别人把美好留下来，留存生活中的美。十年前，我种下了收纳整理行业的第一棵树，未来的无数年，希望可以和你们一起收获一片森林。一个人可以走得很快，但一群人可以走得很远，来吧，加入整理，加入我们，跟我一起，跟"留存道"一起，通过整理活出美好的生活状态，去影响身边的人，用不将就的生活态度来改变一代中国家庭的生活方式。

卞栎淳

中国空间管理行业创始人

一线明星艺人指定衣橱管理师

留存道学院院长

微博知名家居博主

畅销书《留存道》《收纳，给你变个大房子》作者
《天天向上》《美丽俏佳人》《我是大美人》《辣妈学院》常邀嘉宾
日本 NHK 电视台多次专访过的中国整理师

装修前的
空间规划

选房堪比选老公

一见钟情

当年我因为抑郁症每天寻死觅活的时候，并不觉得死亡可怕，反而觉得是一种解脱，想逃离灰暗的世界，去个离天堂近的地方。那时候感觉白云就是白白的、软软的，躺在上面一定会被云朵包裹住，闭着眼睛躺在云里晒着太阳，仿佛被一双宽厚的臂膀拥抱着，就再也不会害怕了。这就是我当年不想活下去的原因，现在想想，也是很单纯、可爱的。

很庆幸我还活着，并让我看到了它——180 度全景落地窗的房子，31 层，离云很近。那天休息，我看到一群人围在一个售楼处前面，我好奇地走进去看看这个房子到底有什么魔力，果不其然，第一眼便爱上了它。那天阳光正好，走进样板间的那一瞬间，我看着天边的云，阳光照射着身体，仿佛拥有了一个坚强的拥抱，那一刻我就已经知道，这是我想要的家。

陷入热恋

拥有 180 度能看日落的全景落地窗的房子，真的是太美了，我幻想着在这个空间里与家人嬉笑，与自己独处，与朋友聚会，与落日共舞……各种美好的样子都在脑海里自编、自导、自演了一遍又一遍。热恋中的人儿啊，就是要昭告天下，所以光自己喜欢还不够，我马上给合伙人打电话，叫上他们一家老小一起来看房，果然，他们也都被这全景落地窗洒下的一抹通透的阳光所吸引，合伙人说，他仿佛看到自己双胞胎女儿在这里奔跑嬉闹的样子。

家是依靠，是避风港，是倦了、累了后可以栖身的居所，是可以肆无忌惮做自己的独立空间，这个安身之所有没有给你归属感才最重要，作家叶怡兰说："家是生活的容器，家的模样就是你生活的模样。"

矛盾争吵

但就像热恋中的人一样，有甜蜜，也会有争吵。我理想中的房子是一个很大的开间——我不太喜欢墙，喜欢开放式的设计。从小就喜欢看关于公主生活在城堡里的故事的我，也希望自己的家可以"显得"很大，甚至还想要一个可以观景的大阳台，站在阳台上向外望去，仿佛自己是站在城堡露台上一览众山小的公主。同时我还希望交通便利，出门就可以坐上"南瓜马车"去上班，这种印象儿时就印刻在我的脑海里，虽然那个爱做梦的小女孩已经长大，但心中那个小公主永远都长不大。

「纠结1」燕郊的行政管理虽然归属于北京，但地理位置毕竟不在北京。

「纠结2」要不要买北京的房子。

「纠结3」房子是40年商住两用产权。

「纠结4」商住两用公寓不是南北通透的房子。

「纠结5」光照充足，但西晒问题很严重。

互相妥协

我在北京漂泊了12年，也租了12年的房，但每个房子都有属于我想要的家的模样。我会把租来的房子里不好用的电视、床、衣柜、桌子、沙发，甚至马桶都通通换掉，哪怕只租一年，也是能换的换，不能换的改造，都变成我用着舒服的，因为这是我精心布置过的家，是我心仪的模样。但很多人面对租来的房子和买来的房子时，思考方式是完全不一样的。租的房子可以妥协很多，不足的地方也可以改造，而一旦自己买房，就会像找一个完美无瑕的恋人一样，处处小心翼翼，想要的也就更多。这时需要静下心来想一想，自己到底需要什么？

其实，我选的房子虽然地处河北省，但行政管理属于北京，这里居住着几十万每天往返于北京生活、工作的人，房价却是北京的一半，所有生活开销都不高，生活设施也非常完备，对于经常出差并工作在北京东部的我来说，在这里生活的性价比和幸福感应该算是比较高的。还有很重要的一点，我是一个很容易焦虑的人，创业至今，在以现在的经济能力保证公司正常运营的前提下，再在北京买个房子，压力实在太大，很容易让我焦虑不安。而选择在燕郊买房对我而言没有房贷压力，对于我当下的身心状况和经济现状都是舒适的，也难得这个家有我喜欢的样子，能给我带来安全感。

冷静思考了这两个问题后，对于剩下的问题我就没有那么纠结了。从经济能力来说，这样一套全景落地窗的房子如果位于北京，并且产权为70年的话，那它一定不属于现在的我。而西晒的问题可以通过贴防晒膜来解决。当主要矛盾解决了以后，其他的就都不是什么大事儿了，就这样，我买了31层，合伙人买了同户型30层，我们从合伙人又变成了邻居。

选房就像选老公，不要觉得买房就有了安全感，如果想要的太多，相较之下能力却有限，买了房子换来贷款压力，同样没有安全感。所以买房就要提前做好规划，买你买得起的、力所能及的，不攀比，在自己能力范围内选最好的那个。

无论房子在哪儿，无论租的还是买的，都不会十全十美，只要清楚自己真正的需求，并且能够承载你当下的生活，那它就是属于你的家，一个有安全感的家。

装修前的格局观

从拿到房型图到装修结束，我就没停止过对房间的思考。装修前一定要思考清楚自己的需求是什么，这是一件非常难的事儿，现实远比想象骨感，装修前没有想好就动手施工的家庭太多，都是血淋淋的教训。对于我这个有10年空间管理经验的专业人士来说，思考也是必要的，即使想要的都思考过了，最终预算也可能超支——超支的是些看似无关紧要却都是心头好的小物件，但思考过后至少知道必要的是什么，所以超支的也只是一小部分。如果不做思考，那超的可就不是一星半点了。

居住结构延长装修寿命

装修之前一定要先思考如何延长房屋长期使用需求：你想要什么格局的房子，打算在房子里住多少年，未来的人口会不会增加，以及怎样满足不同时期居住情况的变化等。独自一人或夫妻二人居住的时候，建议多考虑以享受型功能和个性化生活方式为主，毕竟一生中能为自己着想的时间太有限，人口少的时候不要让房间闲置给一张常年无人睡的床，要把每个房间充分利用起来，比如改成衣帽间、书房等可以满足个人需求的空间；而三人及以上人口的家庭最重要的就是储物功能，孩子的独立玩具收纳区和家庭常用物品储物区，是80%家庭都容易忽略的地方，当人口增多后，可以根据不同情况改造相应的空间，比如把衣帽间的一部分柜体改成杂物收纳柜，把书房改成

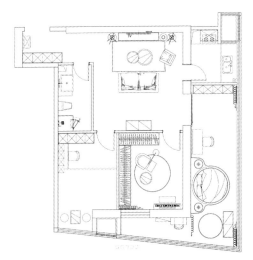

原户型图

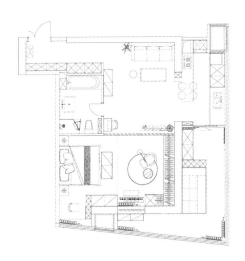

改造后的户型图

儿童休闲娱乐区等。

买房子是用来改善居住环境的，一定要在不同时期都能充分利用起来，才对得起寸土寸金的房价。

●居住人数：我买这个房子主要是被 180 度全景落地窗吸引，加上暂时经济能力不允许在北京买 100 平方米以上的房子，所以我将这套房子定义为过渡房，以后还是会考虑在北京市内购买，过渡周期为两年左右。因为女儿在国外读书，几年内不会回京长期居住，暂时不用考虑她的房间，母亲有自己的住处，偶尔来家里小住，有个次卧即可，所以，整个房子两年内的大多数时间只有我一个人居住。

●未来变化：未来这个房子我打算留给母亲一人居住，格局和装修风格也不会有什么变化和冲突，因为我和妈妈的臭美程度有得一拼，衣服、饰品都很多，加上我的生活习惯很多都是受妈妈影响，两人没有大的出入。装修风格已经和妈妈达成共识，是我们都喜欢的样子。

家居配色提升居住感受

我希望置身家中，每个角落都会带来不同的视觉感受。从客厅的一角望向玄关走廊，仿佛是在一家静谧的艺术画廊，身处卧室又会觉得自己就是布歇画中的蓬帕杜夫人，还可以在家中的各个角落看到凡·高等后印象派画家的影子……

名画中的家居配色方案

每每提到装修，大家最绕不开的就是装修风格，很多人在装修之初，完全不知道自己想要什么风格，就会很迷茫。其实确定风格也很简单，选择你喜欢的名画，从中找到装修灵感就可以了。

因为眼睛是人身体上极为敏锐的器官，它为大脑提供了大量的信息数据，当你喜欢的画面经常被眼睛抓取以后，就会在你的大脑里形成你的喜好数据，而这个数据会根据你的品位和关注的内容发生变化。当你在装修房子的时候，通常大脑反馈回来的数据是你当下的认知和喜好，所以，相信数据就好。

我选择了几幅自己非常喜欢的名画作为色彩参考，完成了法国凡尔赛洛可可宫廷风与后印象派活力色搭配的混搭风格。首先，我从名画中选取所有的颜色，然后把画中面积最大的颜色作为墙壁的颜色，画中面积小的颜色作为家具、软装等小配件的颜色，这么搭配怎么看都很高级，也不容易出错。看看下面几幅画吧，相信你一定会有灵感。

【凡·高《圣玛利的三间白色小屋》】

2019年12月，以专门开发和研究色彩而闻名全球的权威机构潘通（PANTONE）发布了2020年最新家居色彩，其中就有"经典蓝"这个颜色，这种恒久的蓝色调给我灌输了冷静、自信和连接感，我把画中天空的颜色带回家里，选择了硬朗的护墙板作为经典蓝色的背景墙，为自己建立起一个可靠和稳定的"存在"。很多人觉得蓝色是适合男性使用的色彩，会比较沉重，尤其是在硬朗的护墙板材质的衬托下，但我个人确实非常喜欢这个颜色。2020年，还有一个我非常喜欢的颜色，那就是冷杉绿。该画也使用了大面积的绿色，虽然绿色已经流行了几年，但不同色温的绿色给人以不同的感觉，而冷杉绿在丝绸质地的壁布的应用上就显得更加优雅、内敛并且高级。

实木护墙板和丝绸壁布以一硬一软两种材质，加上两个沉稳颜色的衬托，空间的层次感就凸显了出来。其他配饰相对简单，墙面上所有的画都是我自己画的，色彩浓郁，用色大胆，这也是我性格的体现，敢作敢当、敢爱敢恨的"东北大妞"细腻的一面，相框就选择了画中占比较少的部分色彩作为配色。

最后，我以画中大面积的黄褐色作为地板颜色，因此选择了胡桃木色人字拼地板，突出了土地的厚重感，也压一压墙面的色彩，起到平衡的作用。

就这样，我把凡·高的《圣玛利的三间白色小屋》的配色搬回了家。

 经典蓝

 孔雀绿

 冷衫绿

 肉桂色

黄褐色

【弗朗索瓦·布歇 《波吉瑞夫人》】

这个角度是边柜的位置，用大面积的蓝色作为背景色，取《波吉瑞夫人》画中背景最深的颜色，选择了实木质地的蓝色护墙板，更显质感，实木背景墙略显硬朗，而羽毛则起到过渡的作用。

图片中还有淡淡的月白色和酱果绿，这里选择了相近的银色带金色花纹的边柜，柜体上的花纹与画中波吉瑞夫人裙子上的花朵交相呼应，有异曲同工之意，边柜上面的软装也为整个空间增添了栩栩如生的画面感，后面我会详细介绍关于软装的内容。

经典蓝　孔雀绿　黄褐色　酱果绿　月白

这幅画从玉臂、酥胸、小蛮腰，到长裙的每一道褶皱、丝结的每一个弯曲，甚至每一朵玫瑰、每一片树叶，都精致、优雅得无可挑剔，就像柜子上面的摆件一样。这也是我选择这幅画打造这个空间的初心——把精致、优雅的生活展现给自己看，享受它、拥抱它。

【凡·高 《插在瓶中的鸢尾花》】

在卫生间这个空间里，我更加想要一种安稳宁静的感觉，所以选择了一种介于蓝色、绿色和灰色之间的色彩搭配。

 经典蓝

 冷衫绿

 孔雀绿

 水绿色

 月白

　　护墙板与客厅的经典蓝同色，是一个通往卫生间的隐藏门——关起门后，从客厅的角度是看不出这里是一道门的。卫生间内的墙面采用了水绿色的艺术砖，今年也有人称这个颜色为美人鱼绿，不管叫什么名字，它都散发着一种淡淡的清新感，搭配孔雀蓝的边柜也不突兀。只要始终保持选取的几种颜色介于蓝色和绿色之间就不会错。

　　画中最大面积的月白色背景色也被我用在了墙面的背景中，让整个空间能够突出蓝绿色系的跳跃感，又能平衡想要的宁静的感觉。

卫生间色彩搭配的舒适度直接关系到家人的心情，如果色彩搭配得当，在这个空间里如厕可以很放松。社会在发展，人类在进步，生活方式也随之变化，在现代家居生活中，卫生间并不是传统认知中很肮脏的地方，也不再是藏污纳垢的存在，相反，应该将卫生间打理得像画中的鸢尾花一样，只看见卫生间的干净、鸢尾花的绽放和家人的美好心情。

【凡·高 《鸢尾花》】

 经典蓝

 孔雀绿

 冷衫绿

 肉桂色

 黄褐色

这个角度精准还原了画中的配色，土壤中的黄褐色、花朵的经典蓝色、花叶的孔雀绿色以及点缀的其他颜色，仿佛客厅也拥有了鸢尾花的生机。我在客厅最大面积地采用了画中花叶的颜色，次要的色彩选择了花朵的蓝色，用地板深邃的黄褐色作为大面积的土壤颜色，棚顶的黄色灯光仿佛画中远处星星点点的黄色花朵，使得整个空间几乎一比一地还原了画作中的色彩。

选择凡·高的这幅画还因为鸢尾花的古老传说，鸢尾花最早应该是由古埃及人开始种植，在古埃及人的宗教观念中，鸢尾花代表着生命和复活，同时又象征着权力。后来鸢尾花被古希腊命名为"iris"，是"彩虹"的意思，在西方语境中是不折不扣的"彩虹之花"。最后鸢尾花成为法国王室的象征，整整延续了1000多年，鸢尾花成为法国信念、智慧与勇气的象征。

客厅是家里所有空间的能量场和补给站，希望在这个空间里，能延续着鸢尾花不同时期被赋予的能量与信念，让彩虹般的人生在这个空间里获得智慧与勇气的滋养，做家的主人，掌控自己的人生。

【弗朗索瓦·布歇 《蓬帕杜夫人》】

且不说蓬帕杜夫人充满争议的一生，就单纯从她丰富的生活中，便能感受到她坚持做自己的个人魅力。蓬帕杜夫人是一个个性鲜明的女人，她当然不会满足于在路易十五的庇护下战战兢兢地生活，深藏于宫中，做一只笼里的金丝雀。她广泛地参与社会公共生活，推动着国家发展，清楚自己的定位，明确自己的边界，敢于做自己，这是我欣赏她的地方。

布歇在这幅肖像中使用蓝绿色调，表现了贵族夫人的高雅，运用极其细腻的笔法精微刻画衣着配饰的质感，浮华的饰物被处理得有如实物般可触。画中明显带有洛可可风格的饰品、衣装均出自布歇之手。

我将蓬帕杜夫人孔雀绿的裙摆变成卧室的背景壁布，同样采用丝绸质地，藤黄色的窗帘变成床品的颜色，用胡桃木色的边柜和深棕色的床头柜分担着整个画面中深邃的肉桂色，使整个房间有了更多的层次感，而画中其他的饰品配色也在这个空间中以软装配饰的形式逐一呈现。

　　这样的配色很简单，重点就是抓住较大面积的两个主题颜色，其他搭配也就不会错了。

 藤黄色

孔雀绿

肉桂色

冷衫绿

黄褐色

【凡·高 《夜间咖啡馆》】

画中冷杉绿色的天花板和肉桂色的上半部分墙壁泛着亮光，映衬着藤黄色的汽灯和地板，整个画面有着强烈而生动的色彩对比。咖啡馆内的摆设笨重、庞大，占据了大部分画面，相形之下，人物显得渺小而无足轻重。画家以此来突显人物的孤独感。

画中除了一个人的孤独，还有志同道合的朋友倾听着彼此的世界，我们在家中不是也需要这样的一个角落，来承载自己不幸与悲伤的一面吗？

冷杉绿

肉桂色

藤黄色

黄褐色

酱果绿

从我家天花板投射下的灯光，被照亮的玻璃门，门后房间里的钢琴和地

上的地毯，这一切给画面带来了生气。在这里我可以用音乐尽情释放自己的烦恼，可以安静地享受着一个人孤独的狂欢。宫崎骏说："我们的孤独就像天空中飘浮的城市，仿佛一个秘密，却无从诉说。"其实我们可以坐在自己设计的空间里，与自己对话，与自己诉说，与自己和解。

直至今日，安安静静地欣赏房子的每个角落的时候，我才恍然明白，你选择的风格承载了你的成长、你的经历、你的生活以及你对生活的态度，这些已经深深地刻在了你的生命里及脑海中，这里藏着你的眼睛传递给大脑的数据，这就是你生命的一幅画。

教大家一个"70255"原则

1. 70% 背景色。墙壁及天花板的背景色决定了家里的风格和家具颜色的选择，它是空间风格的"定海神针"。

2. 25% 主控色。各个空间中重要家具的颜色，它是空间的灵魂色，整个房间的颜色都围绕它的颜色来搭配。

3. 5% 点缀色。地毯、挂画、摆件等能够起到点缀效果的颜色，它就像空间里的小精灵，让整个空间变得有生气，有温度。

一幅画中的颜色可能有很多，但大面积颜色使用一定不要贪多，记住"70255"原则的比例就不会出错，你可能不知道，家里好不好看取决于最后的5%，不信你去试试。

去选择一些喜欢的画吧，试试在画中找到家居色彩的灵感。

细节中的家居配色亮点

若说名画赋予了各个空间生命，那么家中的各种软装配饰则赋予了这间房子灵魂，如绿植、画框、羽毛装饰、烛台、桌布、桌旗等。软装配饰如同服装搭配中的帽子、首饰、腰带、围巾、手袋等，有了饰品的装点，一件普通的衣服就会变化出各种不同的风格，家装也一样，有了软装配饰的点缀，可以使不起眼的家具变得更具生命力。

很多家庭在装修的时候会忽略软装，觉得配饰多不好打理，落灰……我认为软装是一种生活态度的体现，是生活中的一种情调，是美好心情的调和剂，从图中可以看出，搭配软装后的家更温馨。

加入软装后的边柜，通过画、摆件、羽毛和复古金属灯的点缀，深蓝色的背景墙和银色柜子仿佛有了生命力，一种暖暖的气息，让这个家瞬间变得有爱、有温度，也传递着这个家的主人个人的经历、故事，表明主人是一个懂得珍惜物品、热爱生活的人。

需求清单

必要需求——不能妥协

1. 一定要同时拥有浴缸和淋浴房的卫生间，不能在浴缸上面放置淋浴，我曾经滑倒过。

2. 卫生间一定要有超大储物镜柜。

3. 一定要有衣帽间，我的衣服很多。

4. 一定要开放式厨房，做饭心情好。

5. 一定要有储物间，储存行李箱、生活电器、扫把、拖把、杂物等生活必需品。

6. 一定要超大玄关储物柜，放鞋子、包和帽子。

7. 一定要有工作区，写稿、加班、独立思考。

8. 一定要有独立书架，现在家里的书是分散的，书籍不集中。

9. 一定要有生活阳台，需要晾晒衣服。

10. 一定要有一张电动床。

次要需求——适当妥协

1. 最好有独立的餐厅，如果没有，可以接受在茶几上用餐。

2. 最好次卧也有一个卫生间，如果没有也能接受。

3. 最好可以拥有一个化妆台，如果没有，也可以在卫生间里化妆。

4. 最好有一个绘画休闲区，可以独立画画并放置颜料，如果没有，可以找个角落放置。

5. 最好给狗狗一个独立的宠物空间，如果没有，可以找个角落放狗窝。

其他需求——锦上添花

1. 我想睡在落地窗旁边，每天睁开眼睛就可以看到阳光和风景。

2. 落地窗边要放一个懒人沙发，用来发呆，看风景。

列好以上清单需要注意几点问题

1. 必要需求一定是迫切想要达成的愿望或目的，必须坚定，你要清楚地知道自己为什么选择它作为必要需求，可要可不要的不算是必要。

2. 次要需求如果实现不了，一定要写出还可以怎么解决，否则遗留下来的都是难题。

3. 其他需求基本上有了更好，没有也不强求。

上页就是我在装修前列出的需求清单。其实列清单就是留存有道的一种体现，不论是物品还是需求，一定要让自己找得着、看得见并且能够用得上。列清单就是量化需求，让自己更加清楚内心的需求和目标，明确目标才可以有的放矢地去行动，这样完成目标更有效。

装修时间轴

买房

今天不知道哪根筋搭错了，路边看到很多人在排队，从众心理让我好奇地凑过去看，原来是售楼处开盘。走进去以后我却被楼盘 180 度无死角的落地窗吸引，默默地拿起手机给合伙人打了个电话，让他们全家也来看房。2 个小时以后，我们成了邻居，我买了 31 层，他买了 30 层。

2018年12月25日
星期二

2019年5月31日
星期五

收房

今天收房，办了很多手续，也交了不少钱——契税、公共维修基金、不动产登记费、产权转移印花税、权证印花税、物业服务费、生活垃圾处置费、水电费等，这些费用都是房款以外的，但这确实也是一笔不小的开支，买房做预算的时候这部分一定要提前算进去。

量房

开始量房，装修的漫漫长路才刚刚开始。还好买房的时候我就想好要请设计师来设计房子，一定不要自己动手，果不其然，现场就出现了各种各样需要设计师来沟通、协调的工作——房屋水管裸露、整体空间挑高不够、几十平方米的超大阳台竟然没有任何一个插线口、消防栓感应头向上等一系列问题，这涉及与物业、消防等各个部门的沟通，想想就头大。

2019年6月6日
星期四

2019年6月11日
星期二

设计

设计师把房屋原始建筑图发过来了，拿到这张图以后，我好几天都没有睡好觉，每天都想着如何把自己想要的功能实现。这天不巧设计师病了，需要延后几天见面。我便迫不及待地用软件先做了两版设计图出来，想着自己有了想法再跟设计师沟通会比较节省时间。不会用设计软件的可以打印出来自己动手画。

报价

今天两个施工队分别给了报价，包轻工辅料的价格都差不多。这两个施工队我自己找了一家，设计师推荐了常合作的一家，可能跟大多数人的想法一样吧，我最终选择了设计师推荐的那一家，因为觉得这样设计师与施工方沟通起来会容易一些。

2019年8月1日
星期四

开工

中午 12 点，准时开工，工人师傅们抡起锤子开始砸墙，不到一小时，该拆的墙面都拆完了。

2019年8月20日
星期二

始料未及

砸墙的第三天，其他需要改动的墙都砸掉了，只剩阳台窗户改不了。这里我原本想改成一个推拉门，结果工人们几锤子下去就看见了钢筋，我赶紧叫停。2 号楼这个位置就可以轻松地改掉，1 号楼这个位置竟然是钢筋混凝土结构，这个门对全屋格局有着巨大的影响，如果这里改不了，大部分的方案都得重做。想到自己

2019年8月23日
星期五

思考了两个多月，不停地跟设计师沟通、修改方案，结果最后都实现不了，我感到有点崩溃。

改方案

2019年8月29日
星期四

今天我把原有方案全部修改了：把原来的三居室改成两居室，放弃观景主卧；把次卧和衣帽间打通，变成一个完整的超大主卧；将原有的阳台做成生活区兼次卧。当方案改完以后我都震惊了，这不就是当时我在户型图上涂涂改改的样子吗？为什么走了一堆弯路又回到了当初思考的样子？于是恍然大悟，这才是我心中想要的家的模样。因为中间受了太多人的影响，比如大家都觉得把三室改两室是疯了，太任性了，总担心万一亲人们来没地方住……我也觉得大家说的有道理，便忘记了自己的初心。请记住，你居住的家不应该是别人想要的样子。

改水电

2019年9月2日
星期一

开始改水电，我一直纠结洗衣机放在卫生间还是放在厨房，最终决定放在厨房，离生活阳台近一些，这样动线更短，使用起来更方便。

选建材

今天我和助理逛十里河家居建材商业街（北京装修必逛），行动力也是非常强，买了地砖、艺术瓷砖、壁布、软包等必要的装修材料。店面的人字拼地板价格真心不实惠，最终我选择在网上买，同等品质的商品大概省了一半的钱。

2019年9月12日
星期四

买家具

上午 9 点半开始到下午 4 点，我一共买了 11 件大大小小的家具，分别有三人沙发、单人沙发、床、八斗柜、两个床头柜、书桌、化妆台、餐边柜、装饰柜、茶几等，总共花了 20 200 元，还是相当划算的。

2019年10月2日
星期三

贴砖

今天卫生间开始贴砖了。令我肉疼的艺术砖贴到墙上以后，瞬间就松了口气，我觉得这个钱花得值，真是一分价钱一分货。我在线上、线下对比了很多艺术砖，这些艺术砖看似长得差不多，实际视觉感觉差得不是一星半点。买砖的时候，"不将就"这三个字就一直在我脑海里晃，最终还是咬牙买了自己喜欢的。贴上艺术砖这一刻，我觉得一切都是值得的。

2019年10月16日
星期三

踢脚线

今天开始贴壁布，过程中一个不留心，差点废了所有的壁布。原因是我的家里没有踢脚线，但我没有跟工人师傅提前说。我以为贴壁布都是会贴到与地面齐平，事实上师傅们习惯性地在地面上方预留了踢脚线的位置，那里是不贴的。因为没有提前沟通，师傅们已经把其中一面墙的壁布裁切了，地面上方露着一条白白的墙面。得知我的想法后师傅们也吓坏了，一时之间坐在地上不知道该怎么办，很着急

2019年11月2日
星期六

的样子。最后我提出把下面接一条出来，师傅们反复跟我确认接上去的效果，在得到我的确认后，他们松了一口气，就继续认真干活儿了。不得不说，师傅们的技术确实过硬，不仔细看完全没有衔接的痕迹。幸好只裁切了一面墙的壁布，如果沟通晚了，那全屋壁布就都得拼接或者重新订了。

2019年11月6日
星期三

铺地板

今天开始铺地板，也出现了一些小插曲。家里全屋铺地板的面积大概是不到70平方米，反复跟工头沟通后，我决定多买点，买70平方米，厂家还多送了2平方米，结果到最后还是没够用。人字拼地板分正负面，因为户型格局大小的关系，我家的卧室和客厅起始列是正面，终止列还是正面，最后只剩下负面。铺到最后正面没有了，等厂家补货又耽误工期，最后我决定生活阳台改成全部用负面斜纹拼，还好不明显。感觉装修的每个过程都需要强大的内心和决断力。

电动床

今天床、沙发、地毯到货了。说到床我又想起了那句话，"不是你不喜欢，是你不知道它的好"。当时销售人员介绍电动床的时候，我觉得那是老人喜欢的，并没有特别打动我，直到销售人员说让我睡一觉感受一下，就当休息了，当时我确实逛累了，这一躺不要紧，就再也不想起来了。因为当时腿部特别累，销售人员就把电动床的腿部支撑和上半身的支撑升起来，没几分

2019年11月21日
星期四

钟我就感觉腿部血液循环好了起来，全身渐渐地放松了。这种体验是非常神奇的，我瞬间就被"种草"了，对于常年需要站着讲课的我来说，真是太需要它了。还记得当时我并没有直接买，但回家以后总是心心念念着，尤其是和家里的普通床一对比就感觉出区别了。就这样，它现在躺在了我的卧室里。

推拉门、护墙板

　　今天有两个大工程，装推拉门和护墙板，"裸奔"已久的墙面终于可以穿上新衣了，然而，过程也不是一帆风顺的。护墙板太大，推拉门门框太长，电梯进不来，楼梯间宽度也差了5厘米左右，这可急坏了施工人员。从上午折腾到下午，护墙板和推拉门还妥妥地在楼下放着，直到最后老板亲自上阵，提出把护墙板多出的5厘米裁切掉，回厂再做一条同色的踢脚线遮挡一下；同时把推拉门门框中间锯开，等

☀

2019年11月25日
星期一

搬上来以后拼接在一起，中间衔接做加固，到这里也许会有人纠结它不是一个整体了，但确实这也是最后的办法，当断不断就僵持下去了。就这样，这一天一次又一次地刷新了我的强迫症底线，还好，折腾到半夜，终于都搞定了，推拉门拼接痕迹不明显，不仔细看完全看不出来，就等着给护墙板穿"鞋"了。

搬家

　　今天搬家啦，因为出租屋房东要卖房，所以等不到全部都装修好再搬家。昨天晚上来新房，看到净化器的数值已经达到正常值，非常明显地感觉到进屋以后舒适很多，今天住进来也安心啦！

☀
2019年12月8日
星期日

完工

　　今天箭牌家居第二次安装，把所有的卫生间柜子都装好了。今天幸福感爆棚，因为这是最后一个大件的安装了，这部分装完以后，整个家的整体装修就基本上完成了，剩下的就是各个区域的软装，终于可以过完整的生活啦。

☀
2019年12月22日
星期日

装修雷区请绕行

下面是我在装修时遇到的坑，希望给大家提个醒，装修之前要考虑到这些问题，否则装修完会抓狂的。

1. 装修前一定要多加地暖管道

我家在装修前过分信任开发商赠送的地暖管道，导致入冬以后房间暖气不给力，加上装修时为了美观有层次感，在地暖上加装了地台，这样都会影响冬季室内温度。如果担心取暖不好或者想加地台，一定要在装修前多增加一些地暖管道。

2. 房屋内多承重墙影响使用面积

设计房屋的时候我发现购房时只想到了 180 度全景落地窗，并没有考虑到落地窗内侧是一圈承重墙，室内布局无法大动，导致住宅面积 120 平方米左右的房子并不显大。

3. 不可安装燃气热水器时怎么办？

公寓楼是不允许安装燃气热水器的，因为所有烟道都在电梯间附近，整个楼的外立面又都是玻璃体，无法排放燃气废气，当时开发商给的消息也是模棱两可，我就在装修时做了两手准备——在预留了燃气热水器安装管道以外，又在卫生间多加了一个管道，以备装电热水器使用，结果最后真的只能装电热水器。所以在不确定最终方案的时候，我之前的准备是给自己上了一个双保险。

4. 房屋挑高低如何改马桶位置？

公寓楼的房屋挑高都比较低，通常在 2.7 米左右，马桶改位置，就意味着要垫高回流的一部分，否则容易堵塞，但是挑高有限，无法在现有基础上垫高。最后的解决办法是找到楼下业主商量，在楼下卫生间的顶棚更改马桶位置，即在不影响楼下业主生活的基础上改动一根管道，这个问题就解决了。

5. T形承重墙到底该不该拆？

交房以后的房屋和样板间是有区别的，厨房多了一个 T 形的承重墙，买房时销售人员说可以拆除，但交房后物业说是承重墙不允许拆除，导致我们的装修方案一变再变。实际上是可拆区域，并不是承重墙，所以前期沟通很重要。

6. 消防管道如何改？

很多房子的消防管道是不允许改动的，这套房子也不例外，我沟通了很多次，都不允许改。我经过仔细研究分析并画好详细图纸给到消防部门，争取到在原来大的管道上加长了一些小管道，使得喷淋口管道延长到吊顶以外，避免被吊顶掩盖，并把原本向上安装的喷淋头方向改至向下，最终解决了这个难题。

7. 墙体隔音不好怎么办？

公寓楼的隔音普遍不好，因为有的房屋与房屋之间并不是承重墙，这就需要提前做隔音处理，通过加隔音板把墙面加厚。没有提前做这个工作，入住以后就会很尴尬了。

8. 如何隐藏电视附近的电源？

每个家庭的电视附近都会有很多插头和小电器，比如机顶盒、电视盒子、Wi-Fi 和各种充电线，我的选择是把所有电源都提前改到电视后面的位置，把Wi-Fi 隐藏到电线总阀门内，购买网络电视，代替电视盒子。因为我家不用有线电视，所以没有这个烦恼，如果你家有机顶盒，可以做个架子藏在电视后面，这样电视附近原本乱糟糟的电线就都可以隐藏了。我还多购置了一个可变形支架，电视可上可下，可左可右，吃饭的时候可以把电视转到餐桌方向，非常方便。

9. 空调孔和空调电源预留在什么位置更合理？

这个问题是我安装空调的时候才弄明白的。拿我的客厅来说，墙体背面是油烟机灶具，没有办法更改孔位，空调孔打在了墙体中间，能装的只有孔位右侧，空调铜管又不能太过折叠，电源却在另一面墙上，安装空调的时候特别麻烦。最后我选择把电源线改到厨房，否则就会在墙上多一条长长的电源线，特别难看。建议将电源线和孔位设计在一侧墙体，尽量靠边角，不要居中打孔。

10. 空调铜管太长，露在外面怎么变好看？

空调孔和机身之间都会有铜管，具体裸露长度根据孔位与机身间距来决定。我家一共有三个空调，两个机身比较短，一个机身很长。我这个处女座一定不会允许绿色墙面出现一条白色管子，所以在安装空调当天，工人把空调拿出来以后，我便提前用剩下的壁布缠绕在管道上，两边做固定，再让工人把空调装到墙上，就解决了这个问题。需要注意的是，一定要提前缠好壁布再安装，如果安装完再缠绕，收口处可能不会特别完美。

包起来的空调铜管

11. 该不该换掉难看的踢脚线？

　　细心的朋友可以发现，我家里没有难看的踢脚线，因为房屋挑高低，没有踢脚线可以拉高整体房屋线条，也比较好搭配壁布，但是有几个需要注意的点。如果不装踢脚线，一定提前跟壁纸（布）和地板安装师傅讲清楚，我家安装壁布的时候，师傅以为有踢脚线，把一面墙的壁布下面全部裁掉了一部分，露了一条白白的墙面，还好补救及时，没有造成大范围的损失。同样，装地板的时候也要提前沟通好，因为有没有踢脚线地板收边的宽度是不一样的。

用金属压条代替踢脚线收边

12. 该不该做窗帘盒？

　　我本人不太喜欢窗帘轨道裸露在外面，加上房屋本身设想的不是简约风，也就不太适合安装窗帘杆，所以提前预留了窗帘盒，事实证明还是比较正确的选择。原因有两个，一个是有的窗户与侧墙的距离非常近，无法安装窗帘杆，另一个是阳台上有几个承重横梁，窗帘杆无法穿透承重墙，不能完整安装，好几个邻居也是后期改装窗帘盒以后才能安装。所以，你在装修之前一定要考察好是否适合装窗帘杆这个问题，如果也跟我一样不喜欢裸露在外面的轨道，就提前装好窗帘盒吧。

13. 开发商预留灶台太小，如何不大动干戈地改大？

开发商预留的灶台太小，炒菜的时候不太方便，很多业主就把灶台按照预留的位置将就着安装了，认识我的人都知道，我是个不将就的人，自然忍受不了在局促的地方做美食。最后我决定把开发商原本预留的右侧灶台部分改成储物柜，同时加宽左侧墙体，把灶台改到左侧，这样不仅炒菜灵活方便，还解决了厨房原本储物空间不足的问题。

14. 提前看好家具样式再装修，还是装修完了再选家具？

这是一个饱受争议的问题，我认为根据不同的风格，思考顺序还是有变化的。比如我朋友家就是黑、白、灰的装修风格，所以只要是黑、白、灰色系的家具，放在房间里都好看。我这个家的顺序就有点不一样了，是先选好喜欢的家具风格，再根据家具来搭配墙壁和地板的颜色，最后摆放在一起才能呈现浑然一体的感觉，因为色彩太多，需要考量的方面就更多。所以我的建议是，先选好喜欢的家具风格，实地考察以后，再确定装修方案也不晚，毕竟装修好了再按照想象的样子买家具还是挺难碰的。别问我为什么，我也是走遍广州佛山乐从家具城和北京香河家具城这两个国内特大家具城以后才知道的。如果这对你来说太难实现，那就全部整包给设计师解决吧。

15. 你知道人字拼地板分正负面吗？

我家全屋铺地板的地方一共不到70平方米，我买了整整70平方米地板（外加多送的2平方米）竟然没够用，原因是人字拼的地板分正负面，也就是如果赶上墙角收口都是正面，那么就有一部分负面地板会浪费。我是在地板快装完了才发现正面地板不够了，为了不耽误工期就没有补货，最后生活阳台上的地板全部都用负面斜纹地板铺设。如果你家也是人字拼或者鱼骨拼地板，记住，正负面都要多买一些，以防万一。

客厅的人字拼地板

阳台的负面斜字板

16. 实木地板易刮伤怎么办?

答案是忍。装护墙板、装推拉门、搬家具等场景下,我看着地板感觉心都在滴血,然而,除了提前在地板上铺好超大纸盒做防护以外,并没有什么办法可以解决。我想说,刚开始你也许会感觉心在滴血,后面就见怪不怪了,所以,更建议买实木复合地板。

17. 采光好的落地窗和实用性强的储物柜怎么二选一?

我家的整个厨房背靠落地窗,即便做了台面也有很大、很通透的玻璃窗,既舒服又开阔，可对于十年专注收纳的我来说，是绝对不能允许储物空间局促的。我选择用顶天立地柜遮挡了一半的落地窗，把冰箱、洗衣机隐藏在柜体内，增加了储物空间，并在落地窗的玻璃面做防晒处理，先贴防晒膜，再用隔热泡沫做处理，防止常年高温暴晒后橱柜和内嵌冰箱会有安全隐患。就这样，我为了多一些收纳空间而放弃了高采光的玻璃窗，但实际使用的时候就会发现，厨房的物品每个家庭都有固定的和必备的，大致相同，如果没有多一点储物空间，物品就会散落在外，无处安放，久而久之，家里凌乱无序就在所难免。收纳空间不足在装好橱柜以后几乎是不可逆的结果，但采光有影响咱们还有灯。

18. 垭口和窗框该不该包？

我家客厅和卧室是全壁布，所以并没有包垭口和窗框，就连推拉门都没包口，我本人不喜欢传统装修中一些框死的规律。值得注意的是，如果不做垭口和窗框，一定要让油工把边角找齐，要贴壁布或者刷质量好的乳胶漆，普通大白漆容易在日常生活的碰撞中边角脱落，如果你担心脱落，就做垭口和窗框吧，这方面可以根据需求自主选择，不同家庭的选择也是不同的，没有标准答案，就看你喜欢什么。

19. 推拉门和隔断玻璃是两回事儿

我在购买推拉门的时候反复跟商家说一半是固定隔断，另一半是推拉门，结果安装时才发现，都是推拉门，只是把推拉门固定了。我因为考虑到工期，并没有深究，毕竟远处是看不出来的，只不过要提醒大家，在玻璃隔断和推拉门这件事情上，下单时还是反复确认比较好。

20. 装护墙板前必须先把墙面找平

护墙板的安装也是我比较头疼的大问题，如果你家也想装护墙板，不论是和我家一样的实木整板，还是 PVC 材料拼接成的护墙板，安装前一定要把墙面找平，差一点都不行。如果墙体不平，很容易固定不住，不但不美观，还会有安全隐患。

21. 阳台漏风、空调孔漏风怎么办？

装修好了以后，我发现空调孔和阳台等位置漏风很严重，180 度全景落地窗这时候真不让人省心，恨不得外面刮大风，屋内刮小风。我总结后发现，原来是这三个原因造成的：第一，每个能打开的窗户都密闭不严，漏风；第二，所有落地窗的底部与地面衔接的位置都会漏风；第三，墙面空调铜管孔的位置漏风。找到原因以后我做了以下处理：第一，把所有门窗加装了防风胶条；第二，把所有靠落地窗边与地板间隙的位置用玻璃胶封死；第三，用泡沫胶对空调铜管孔位进行了填充。

22. 推拉门框太长，电梯进不来怎么办？

锯断。还记得当天安装的时候天已经黑了下来，电梯和楼梯都没有办法运门框上来，我家住 31 层，也没办法吊上来，协商后只好让工人锯断分成两段来安装，虽然没有一个整体那么让人心里舒服，但在确保安装安全的情况下，这是最好的选择。我想说，装修时遇到同样需要现场抉择的事情有很多，即便是推拉门厂家没有考虑周全，这时候发脾气也没有用，只有两个解决办法：第一，拉回去重新想办法再安装；第二，着急的话就像我一样当机立断锯断。事实上，装完以后厂家做了隐形处理，外观上没有任何影响，既然安全、外观都没有影响，就不要因为类似的事情让自己心情不爽了。

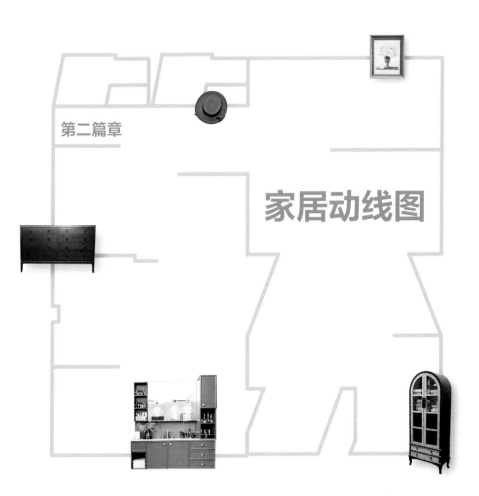

第二篇章

家居动线图

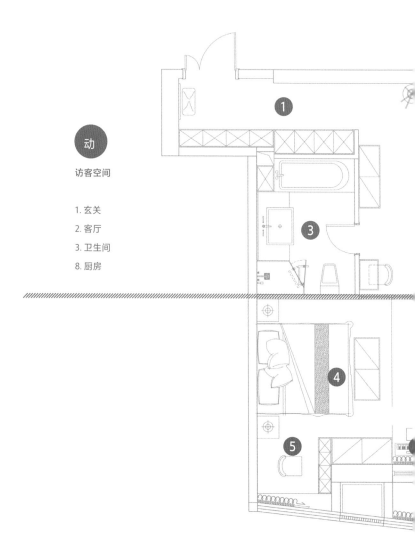

动

访客空间

1. 玄关
2. 客厅
3. 卫生间
8. 厨房

静

私人空间

4. 睡眠区
5. 工作区
6. 阅读区
7. 衣帽间
9. 次卧
10. 生活阳台

玄关

　　装修的时候我发微博说玄关设计了 4 米长，一些网友就"炸"了，都很好奇 4 米长的玄关到底放些什么。细心的朋友在玄关开篇的平面图上有没有发现整个玄关柜的深度不一样呢？装修时，在改动卫生间门的同时，我把浴缸侧面的墙体向内侧移动了 20 厘米，我是一个喜欢搭配的人，鞋、包、帽子和杂物比较多，自然需要一个超大的玄关柜来收纳这些物品。可是原本的玄关区域没办法满足我对鞋、包、帽子的储存需求，因为卫生间原有的门和玄关柜在同一面墙上，限制了玄关柜的长度，这个结果我肯定是接受不了的。我要把玄关柜做成可最大化合理利用的空间，所以决定把卫生间的门换一个方向。这样，玄关柜一半深度为 35 厘米，放鞋、包和帽子，另一半深度为 55 厘米的柜子作为家政储物柜，用来放吸尘器、拖把、扫把、钉子、钳子、改锥、电钻、各种尺寸的行李箱等，这在很大程度上帮我解决了储物问题。

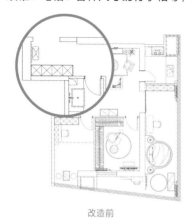
改造前

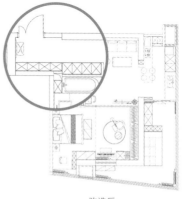
改造后

玄关平面展示图

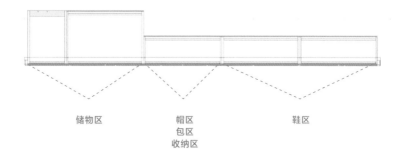

储物区   帽区   鞋区
包区
收纳区

玄关立面展示图

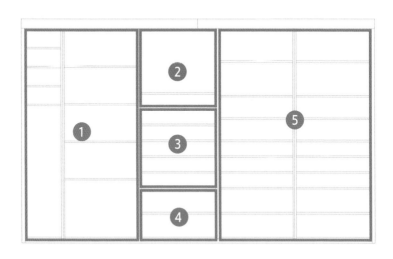

1. 储物区   2. 帽区   3. 包区   4. 收纳区   5. 鞋区

每层层高25厘米

可以放厚水台底的高跟鞋、普通高跟鞋及高踝靴等

每层层高15厘米

可以放平底鞋，如运动鞋、船鞋、凉鞋等

一定要叮嘱设计师做可调节
侧排孔，方便根据鞋子的高
度和季节随时调整层板高度

每层层高20厘米

可以放20厘米以内不加水台底的普通高跟
鞋、不带跟的鞋及踝靴等

其他高度不一的长筒靴根据靴子的
高度拆除、调整相应层板的高度

鞋

我见过太多的家庭玄关设计是不合理的，首先我们要明确一个认知，玄关是用来做什么的？

玄关，又名门厅，是指建筑入门处到正厅之间的一段转折空间，在日本、朝鲜、韩国、中国、越南等东亚、东南亚国家和地区有在玄关处脱鞋的习惯，慢慢地，玄关就变成用来脱、放鞋子的空间。所以在家庭空间的应用上，玄关的首要功能就是储存鞋子，但是太多家庭的玄关空间是浪费的、闲置的，导致全家人的鞋子无法全部集中收纳，不得已分散到家庭各个区域，总之鞋子就是不在应该在的玄关。

也许你会说，中国讲究风水学，鞋子不适宜放在高过肩膀的位置，我认为完全可以通过其他办法来化解这个问题，但是如果你的玄关放不下所有鞋子，那么，你在家里找不到鞋子的这个难题是不可逆的。

鞋柜中层板与层板间的高度

上页这几种尺寸是可以满足绝大多数家庭的使用需求的。可以将层板设计成侧排孔，以便随时调整层板，这样到了冬天，只要拆除相应层板，即可放置长筒靴了。如果是夏天，把靴子收纳以后，将层板重新加上，又可以多放一层鞋子，就不存在空间浪费了。

鞋柜的深度

鞋柜的常规深度为 30 厘米、35 厘米、40 厘米、45 厘米、55 厘米、60 厘米，规划鞋柜时一定要提前算好现有鞋子的数量和未来预计的增量空间。不论是哪个深度的鞋柜，都要做可调节侧排孔设计，方便根据鞋子的高度和季节随时调整层板尺寸。

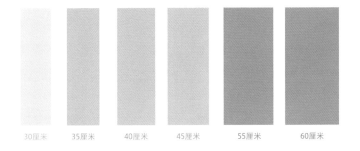

| 30厘米 | 35厘米 | 40厘米 | 45厘米 | 55厘米 | 60厘米 |

深度不足 30 厘米的柜体是完全不合理的鞋柜尺寸，只能收纳几双鞋子或拖鞋，如果玄关尺寸不足，装修前一定要记得提前规划修改。

35~45 厘米深的柜体是常规鞋柜深度，设计成这类鞋柜深度需要注意，一定要提前计算好现有鞋子和未来增量鞋子的大概数量，否则这类鞋柜未来增量空间较小。

55~60 厘米深的柜体是百变柜，对于鞋很多的人来说，这个深度区间的鞋柜最适合，最能装，未来增量空间很大。如果暂时没有那么多鞋，或有天不想装鞋了，还可以改为衣柜、包柜、储物柜等各种功能的柜子，所以这个深度的柜子叫作百变柜。

30 厘米和 35 厘米深度的鞋柜可以用平行法收纳鞋子。在这里提醒一下，如果家里有男士的话，一定不要做深度不足 30 厘米的鞋柜，因为男士的鞋子尺寸一般都超过 30 厘米长了。

40 厘米、45 厘米深度的鞋柜可用交错法来收纳鞋子，一前一后交错放置。特别是对于高跟鞋来说，这种方法更节省空间。

如果你的玄关空间较大，或者想把鞋子设计在衣帽间里，与衣橱深度一致，那就一定要用以下这个方法了。

衣橱的深度通常是 55 厘米或 60 厘米，如果你的鞋柜也采用这样的深度，那就不适合平行收纳。因为你只能看到外面一层的鞋子，要找里面的鞋子，还得把外面一层的取出来。这种鞋柜更适合用前后法进行收纳，里面先放一只，外面再放一只，这样每一层的容纳量比其他深度的鞋柜要大一倍，而且每双鞋都能看得到，拿取也方便。

1. 帽区

2. 包区

3. 收纳区

帽子

朋友们给我起了个绰号叫"九头鸟",因为我喜欢戴发带和帽子来变换各种造型,帽子多到9个头都戴不完,也有人问,这么多帽子会造成你的负担吗?其实并没有,因为我是一个比较清楚自己想要什么的人,我在买帽子的时候可以想得到它能搭配我的哪些衣服,而且需要百搭,如果只能搭配个别衣物,我一定会放弃购买,如果已经有了类似的配色和款式,我也会放弃购买。

图中的帽子并不是全部,只是应季的一些,还有一些其他季节的帽子被收纳在百纳箱里,放在衣柜最上方的储物区。

1. 柜门和柜体内侧钉挂衣钩,可以同时挂两层帽子且互不挤压,提升一倍的储物量。

2. 头围大一些的帽子挂在柜门内侧,不会挤压变形。

3. 针织类的帽子和贝雷帽等不易变形的帽子可以叠在一起放在层板区,拿取也非常方便。

很多物品并不是我们用坏的，而是储存不当被挤压变形的，帽子就是经常被挤压变形的一类物品。买来入室即为所需，储存得当即为所用，如果你也喜欢帽子，那就好好规划一下帽子的储物空间吧。

以下给喜欢帽子的你一点建议

礼帽

1. 通常一顶礼帽一个位置，平铺在层板上。

2. 如果帽子实在太多，可以选择两顶相同款式、不同头围的礼帽，采取"大压小"的方式摞起来收纳。

3. 层板深度不够，也可以考虑挂在墙上，要选择不伤帽子的平头挂钩。

贝雷帽

1. 立体贝雷帽怕压，需要独立收纳，平铺在层板上或者挂在墙上。

2. 软体贝雷帽可以直接叠在一起，平铺在层板上收纳，为避免挤压变形，建议最多叠放五顶贝雷帽，抽取下层帽子时，用一只手将上层帽子抬起，另一只手做抽取的动作，直接单手抽拉容易倒塌。

鸭舌帽

1. 将鸭舌帽后脑位置向内折叠，再将所有鸭舌帽依次排列，平铺在层板上收纳。

2. 利用墙面空间收纳，购置可叠加的帽子收纳架，将帽子挂上即可独立收纳。

异形帽

1. 异形不易变形的软帽，建议折叠收纳。

2. 异形易变形的立体帽，建议独立平铺在层板上或挂在墙上。

包

包是现代服装搭配中不可缺少的一种配饰，女生们常说"包"治百病，可见包在女生心里所占的位置。既然有了那么多心爱的包，就要好好爱惜它们，给每个包都找到属于自己的位置。

这个玄关柜还是让我留有一些遗憾的，现在的它其实是不符合最大化储物容积率的，因为玄关入口狭小，不得已只能做到 35 厘米深，好在近两年比较流行小包，我本身也比较喜欢背小包，所以深 35 厘米的柜子对于我进行包的收纳来说没有太大影响，只是需要把不常背的大包收进衣帽间的柜子里。如果你的玄关可以做深一些，就能把包全部集中在一起收纳，取用动线更短、更方便。包柜也应该打侧排孔。

最近两年小包盛行，所以需要更多收纳小包的空间，再过两年可能又流行大包了，那就可以拆掉一块层板，用来放大包，空间依旧适用。每年的流行趋势及个人的喜好一直在发生变化，生活本来就不是一成不变的，所以我们需要尽可能多变的储物空间来满足自己不同时期的需求。

每层20厘米　收纳小包

每层30厘米　收纳中包或
带手柄的包

每层15厘米　收纳软包

每层40厘米　收纳不常用的
大包

根据包的大小可以适当调整层板高度

包区下方设置为收纳区，收纳一些日常杂物

1. 鞋包清洁剂   2. 鞋油

3. 粘毛器   4. 粘毛器配件

5. 鞋垫   6. 鞋袋、包袋

7. 防尘袋   8. 旅行收纳袋

家政储物柜

我们先来做个测试，以下有近 100 种需要放在储物柜中的物品，请把下面你家里拥有的物品打钩，测试一下你家的凌乱程度吧。

生活消耗物品：

☐ 桶装饮用水　　☐ 瓶装矿泉水　　☐ 各种饮料　　☐ 酒

☐ 过节礼品　　☐ 儿童食品　　☐ 洗衣粉/洗衣液　　☐ 柔顺剂

☐ 奶瓶清洗剂　　☐ 洗洁精　　☐ 玻璃水　　☐ 净化器滤芯

☐ 手帕纸　　☐ 湿巾　　☐ 抽纸　　☐ 卷纸

☐ 厨房用纸　　☐ 尿不湿　　☐ 垃圾袋　　☐ 购物袋

☐ 净水器滤芯

工具类：

☐ 锤子　　☐ 卷尺　　☐ 钉子　　☐ 六角扳手

☐ 各种胶带　　☐ 螺丝刀　　☐ 钳子　　☐ 电钻

☐ 汽针　　☐ 梯子　　☐ 打气筒　　☐ 工具刀

☐ 扳手　　☐ 万能胶　　☐ 替换灯泡　　☐ 手电筒

☐ 手机支架　　☐ 自拍杆　　☐ 拖把　　☐ 扫把

☐ 簸箕　　☐ 地板尘推　　☐ 备用插线板　　☐ 各种电源线

家用电器类：

☐ 吸尘器　　☐ 电熨斗　　☐ 除螨仪　　☐ 挂烫机

☐ 按摩器

儿童用品类：

☐ 儿童推车　　☐ 玩具车　　☐ 儿童地垫　　☐ 大型玩具

宠物用品：

☐ 狗粮　　☐ 狗尿垫　　☐ 磨牙棒　　☐ 螨虫药

☐ 猫粮　　☐ 猫罐头　　☐ 宠物零食　　☐ 逗猫玩具

☐ 猫砂　　☐ 宠物衣服

户外用品：

☐ 平衡车　　　☐ 滑板　　　　☐ 篮球　　　　☐ 足球

☐ 网球装备　　☐ 高尔夫球装备　☐ 潜水装备　　☐ 20英寸行李箱

☐ 24英寸行李箱　☐ 26英寸行李箱　☐ 28英寸行李箱

各种赠品：

☐ 炒锅　　　　☐ 套碗　　　　☐ 蒸锅　　　　☐ 枕头

☐ 颈枕　　　　☐ 夏凉被　　　☐ 凉席　　　　☐ 保健品

各种包装盒：

☐ 手机盒　　　☐ 电脑盒　　　☐ 平板电脑盒　☐ 月饼盒

☐ 鞋盒

① 以上物品都是一般家庭日常生活常见的物品，你拥有了多少件呢？

A. 50 件以上　　B. 30~50 件　　C. 30 件以下

② 有集中且固定的位置收纳它们吗？

A. 没有固定的位置　　B. 有固定的位置但不好找到　　C. 有固定的位置并妥善收纳

③ 现在随机选出一种物品，你可以迅速找到它吗？

A. 肯定不能　　B. 不确定　　C. 可以快速找到

【测试结果】

选 A 比较多：你家的储物空间可能严重不足哦。

选 B 比较多：你要好好思考一下家里的空间是否存在浪费。

选 C 比较多：恭喜你很有收纳意识哦。

各种尺寸的画板

1. 备用垃圾袋
2. 备用口罩
3. 电子产品包装
4. 各种备用净化器滤芯

1. 常用口罩
2. 插线板
3. 颈枕
4. 各种备用工具

1. 吸尘器配件
2. 直播架
3. 数据线
4. 各种常用工具

区域1

1. 20英寸行李箱两个
2. 24英寸行李箱一个

1. 26英寸行李箱一个
2. 28英寸行李箱一个
3. 音箱盒

区域2

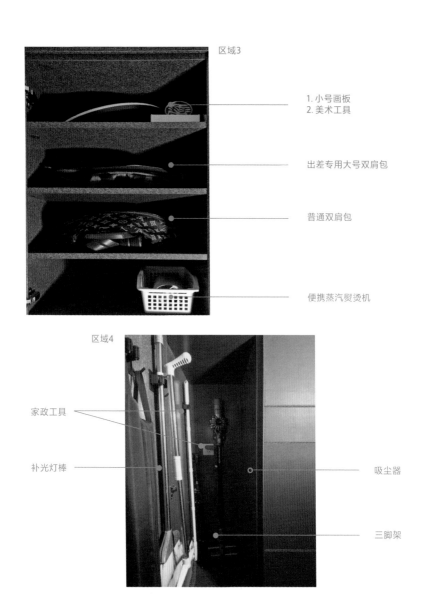

区域3

1. 小号画板
2. 美术工具

出差专用大号双肩包

普通双肩包

便携蒸汽熨烫机

区域4

家政工具

补光灯棒

吸尘器

三脚架

　　通过这个测试，你就可以清楚知道家里物品的数量和琐碎程度了，而家庭中最容易造成凌乱的也正是这些平时用不上、用时找不到的小件物品。如果装修之初忽略了这些物品的收纳，乱是必然的。

我目前是一个人生活，没有列表里那么多东西，但我自己的东西就占用了一组 1.3 米长、0.55 米深、2.4 米高的柜子，如果你是一家三口或者三代同堂，可想而知入住以后的必备物品会有多少！以上就是我的家政储物柜，干净整洁，方便取用。这就是装修之初提前预留储物空间的好处，这些必备却不常用的物品再也不用随意乱丢，只要它们有了固定的区域储存，你家里的其他空间就少了一份凌乱的负担。

玄关规划建议

1. 先满足全家鞋子收纳的需求，再考虑次净衣、穿鞋凳、随手杂物区等功能。次净衣可以在墙上或者玄关柜侧边用挂钩挂起来；穿鞋凳可以在玄关边单独摆放一个；随手杂物区极易凌乱，还占空间，做两个抽屉就可以满足玄关小物品的收纳。以上空间缺失可以用其他办法解决，但玄关柜放不下鞋子是房子终身不可逆的收纳痛点，除非重新装修。

2. 没有老人的家庭不适宜做悬空的玄关柜，这个功能是给腿脚不便的老人设计的，普通家庭这样设计容易导致鞋子凌乱，柜体下面容易积灰，弯腰打扫不方便。

3. 玄关适宜设计几个小抽屉，放置钥匙、折叠伞、手套、口罩、遛狗绳、环保购物袋等出门前和回家后需要取用及放置的物品。

4. 小户型尽量做顶天立地的玄关柜，满足未来 10 年储物需求，鞋子不多可以收纳其他杂物，绝对不会闲置。

5. 有男士的家庭鞋柜深度不得少于 35 厘米，否则深度不够。

6. 玄关空间过小时，宁可硬装时移墙，也不要做深度不足 35 厘米的鞋柜，小于这个尺寸很难收纳鞋子。

客厅

　　客厅是家的中心，是家人最常活动的公共生活区域，也是整个家庭的门面。这样的区域不但要温馨，也要兼顾衔接各个空间的合理动线，它就像一条大河，家人们在这里汲取放松的养分，然后将美好的心情分流到其他的生活空间。

　　我与客厅的约定是"不困不散"，因为这个被我改小的客厅是全屋使用率最高的区域。改小的原因是想要扩大卫生间，同时觉得家里一两个人居住，也很少来客人，所以暂时不需要太大的客厅。这里很温馨，很有安全感，只有在我困得厉害的时候，才会想回到卧室休息，所以才是"不困不散"。一家人就在这个充满能量的客厅里，感受着时间的流淌。

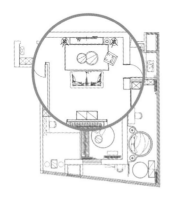

改造前

改造后

麻雀虽小，五脏俱全

客厅的每个角落都是一幅不同的风景，我把客厅规划出五个不同的主题，各自承载着家中不同的功能和分区，它们是私人画廊，是蓬帕杜夫人的梳妆台，是午夜酒吧，是夜间电影院，也是全家人美好心情的供给站。

私人画廊

望向客厅的东北方向，仿佛置身于一间私人画廊，墙上挂满了我亲手画的画。画面色彩浓郁，与墙面背景交相呼应，代表了画廊主人独特的色彩感知度和对美好生活炽热的向往。这个空间告诉我们，岁月尽可以像落叶一样飘逝，但个人爱好这笔财富会永久地陪伴着你，给你温暖和力量。

蓬帕杜夫人的梳妆台

客厅的西北角是一个小而精的实用梳妆台，它位于衣帽间与卫生间的交会处，是主人美丽妆容的核心。在卫生间洗漱后，坐在这里化个精致的妆容，再到衣帽间挑选心爱的着装，动线如行云流水般和谐。相信生活，它给人的教益比任何一本书都好，你用什么方式对它，它就会以什么方式回报你。

午夜酒吧

客厅的东南角是一个三人沙发和一盆散尾葵，再搭配茶几、抱枕、酒杯等物品，感觉置身于一个午夜酒吧。复古风格的陈设搭配香醇的美酒，仿佛在诉说着从幽深时光隧道翩跹而来的老故事，在不动声色中，告诉你什么是真正恒久的味道。细细品味，缓缓享受，静静地感受时间的流淌，是酒醉了人，还是在这精致的方寸间醉了心呢？也许，让人迷恋的不只是酒的芳香，我更希望自己能够像红酒一样，绽放出精致、醉人的一生。

私人画廊

蓬帕杜夫人的梳妆台

午夜酒吧

夜间电影院

　　客厅的正西方向设计成观影模式。白天时，一台电视摆放在落地玻璃前。到了晚上，则将隐藏在屋梁下的电动幕布放下来，这里就变成了一个小型的私人影院，自己点播，自己放映，自己欣赏，正像掌握在自己手中的人生，何尝不是一部电影呢？

美好心情供给站

客厅的正中央便是舒适的沙发区域了，我购买这个沙发的最大一个原因就是它可以让我非常舒服地"葛优瘫"，并且沙发的颜色和玄关处衣帽间柜门的颜色一致，搭配冷杉绿色的背景墙非常复古。另外一个原因是它非常柔软，2.27 米长度的沙发，可以让人慵懒地躺在沙发上看电视。当夜幕降临后，这里摇身一变又会成为一个家庭影院，放下幕布后，视线所及范围不受外部环境的干扰，安静地感受着光影与内心的交流。这样一个多变、让人放松的起居室，让我可以轻松地在这里感受我的生活，让我可以随时汲取养分，保持美好心情，轻轻松松做家的主人。

客厅里的收纳细节

多变的布局与隐藏的收纳

在客厅这个空间里，我特意增加了一点可以满足定期变化的小心思，最核心的体现就是电视电源的布局。我提前预留了三个可以看电视的区域，一个是现有电视的位置，用落地支架支撑，简单美观，跟黑钢玻璃背景相呼应。另外两个分别在沙发后侧和卫生间那侧的蓝色护墙板上，这样可以随时轻松调整客厅的布局。当电视安装在沙发后侧或者蓝色护墙板上的时候，电视后面可以加装一个可变形的支架，这样在厨房备菜或者包饺子的时候，也可以随时随地看电视，不用担心角度问题。

把电源插头隐藏在电视后面的好处是不用在电视周围看到各种凌乱的线头。也许你会好奇机顶盒和路由器都放在了哪里，我平时工作比较忙，没太多时间看即时电视，所以家里没有装机顶盒，现在的电视都有网络功能，这也是我没有装机顶盒的一个原因。而路由器直接被我放在了电箱里（穿墙功能强的路由器），这样家里的电视区域就干净整洁啦。当然，如果你家里有机顶盒或者路由器等盒子，也可以藏在电视机后面，用螺丝固定在电源附近的墙面上就可以了。

药品（保健品、茶叶等）收纳

　　客厅里也隐藏着家中必不可少的收纳功能，边柜内分门别类地放置了各种药品、保健品、茶叶等。用收纳盒放置，既干净整洁又方便查找，你也不妨试一试。

1.血压仪等　　2.拔罐器等　　3.医药包、感冒药、膏药、祛湿贴等

4.外用药、肠胃药、咽喉类药、跌打药等　5.花茶、普洱、红茶、桃胶等　6.胶原蛋白液、代餐奶昔等

化妆品收纳

　　琳琅满目的各类化妆品，都在各自的"家"里休息。化妆品收纳区分为两层，上层比下层矮一些，适合放置口红、棉签等小件物品，下层用来收纳化妆工具、粉底和眼影盘等物品。笔状的工具放在"梯子格"的收纳盒里，口红集中收纳在小号的盒子内，眼影、腮红和粉底等分别收纳在两个中号盒子内。将所有物品分区、分类收纳，使用方便，也一目了然。

1. 口红、彩妆蛋、棉签、隐形眼镜等

2. 眼影、腮红、粉饼、粉底液、隔离霜、面部防晒霜等

3. 彩妆刷、睫毛膏、眉笔、木瓜膏及其他美妆工具

零食（工具）车收纳

　　小小的零食车可以作为吃零食的边界线，每次只买一推车的零食，吃完了再及时补仓，同时用小分隔盒把零食按照品类分开收纳。零食推车也可以用来收纳画画用具哦。

1 饼干、果冻、饮料、鸭胗、鸭翅、巧克力、豆干等

2 阿胶膏、酸枣糕、海苔、脆枣、奶片等

3 瓜子、果脯、核桃、松子、葡萄干等

画笔、刮刀、调色盘、美纹纸、松节油等 1

颜料 2

茶几收纳

茶几有两个抽屉，左侧抽屉是指甲刀、针线盒和常用的电池等小物品，右侧抽屉是各种常用说明书、水票、水电卡、煤气卡、备用钥匙等物品。巧用抽屉分隔盒和自封袋来收纳物品。

客厅里的安全线

众所周知，客厅是家中公共的休闲区域，也可称之为起居室，即起床以后活动的区域，作为供居住者会客、娱乐、聚会等活动的公共区域，每个人都不能在这个区域里肆无忌惮地乱丢物品，因为这个空间并不属于你一个人。

试想一下，如果每个家庭成员回到家里都把私人物品随意摆放在客厅，那客厅一定非常凌乱，这里会有孩子的玩具、丈夫的袜子、妻子的裙子、爷爷（姥爷）的书和奶奶（姥姥）的围巾等，这些物品散落在公共区域的各个地方。在这样没有边界的公共空间里生活，抱怨就会随之而来，你会觉得总是自己一个人在整理而全家人都在搞破坏。相反，一个有边界的公共区域会减少很多家庭矛盾，各自管好自己的物品并维护好公共区域的环境，从哪里拿的就要放回哪里去，比如孩子们的玩具、吃完的药、喝水的杯子、用完的指甲刀、看完的书等，都要主动放回原来的位置。家人要互相尊重对方的私人空间和共处空间，从自己做起。所以，家庭也需要一个约定俗成的规则，一个公共区域的边界标尺，即每个人都有责任和义务为自己的物品负责，为公共区域这个环境负责，做到不指责、不抱怨、不越界。

我的家也一样，即便经常是一个人生活，我也会把属于自己的私人物品放在卧室，客厅区域始终保持整洁有序。公共区域重点收纳每个家庭成员都会用到的物品，比如边柜里收纳的药品、保健品和茶叶等，日常食用的零食我放在了小推车里，也同样摆放在客厅的一角，便于家人和客人取用。这些物品一旦放在私人空间，如卧室里，其他人取用就不方便了，所以客厅需要收纳的物品，是全家人都要用到的，这点一定不能忽略。

每次女儿回来的时候都会看到家里干净整洁的样子，这不但是母亲从小教我养成的一种习惯，也是我用行动在向女儿传递这个良好习惯，界限与责任是一种可以传承的生活态度。

客厅规划建议

1. 会客机会较少的家庭不用强求"客厅"功能，做成多功能活动区也是不错的选择。

2. 如果想做电视收纳墙，一定要做全隐藏式，不要做开放式。

3. 除全家人公用的物品外，尽量提前将私人物品规划至私人空间内。

4. 如无儿童房，孩子需要在客厅玩耍时，要在客厅的某个区域设置独立、完整的儿童玩具、书籍收纳柜，不要用塑料盒集中收纳玩具，会引发孩子的不良行为习惯，并导致空间凌乱（参考文末案例）。

5. 尊重公共区域的边界感，不越界、不抱怨。

卫生间

不可割舍的浴缸

出生在东北的我，非常享受的一件事就是泡澡，东北的泡澡文化我真是继承得淋漓尽致。浴缸是我装修必备清单里的第一条，是非常明确需要的配置，我一定要同时拥有浴缸和淋浴，不希望在浴缸上面安装淋浴。有一次出差，酒店的淋浴镶嵌在浴缸上方，需要迈进浴缸才能淋浴，那次洗完澡出来的时候，我脚下太滑就摔倒了，真是又疼又狼狈不堪，加上母亲偶尔会来家里住，在有老人的情况下，绝对不能重蹈覆辙。所以，我绞尽脑汁想在 3.3 米 × 1.65 米的空间里解决这两者共存的问题。

之前我想过很多种方案，也想过要三分离，可考虑到房子常年就只有一个人、一条狗居住，只要干湿分离就好，一个单身公寓的三分离会让每个空间都感觉冷冷清清的，不如通透明亮来得温馨痛快。面对要不要浴缸这个难题，一开始我想要妥协，可是怎么想都不开心，毕竟这个需求是我最想要满足的，如果是可有可无的需求，我不会这么纠结。不泡澡这件事会直接影响到我的心情以及生活品质，这是完全不能妥协的，最后我决定用扩大卫生间面积的办法解决这个难题。

在借用了部分客厅的面积后，我将卫生间的面积扩大到 3.3 米 × 2.6 米，加宽了将近 1 米的空间。我把原来的门改在另一面墙上，把浴缸位置向卫生间内挪了一点，这样家政储物柜的深度就完美了。这两处改动不但满足了必要需求清单中的两条需求，还附带解决了几个其他难题：

1. 同时拥有了独立淋浴和浴缸；

2. 有足够大的洗脸台和大容量收纳镜柜；

3. 马桶区域增加了侧柜储物空间；

4. 卫生间内有足够大的活动空间；

5. 扩大了家政储物柜的收纳空间。

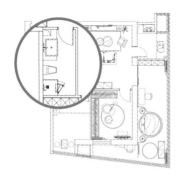

改造前

改造后

卫生间里的小秘密

很多家庭会忽略卫生间收纳功能的设计，但这是必不可少的。比如家里的各类护肤品、小电器、卫生间里的囤货、拖把、扫把、大小不一的盆，还有洗头的、洗澡的、洗手的，最后还少不了各种毛巾和抹布，如果你的收纳功能不足，那卫生间就真的下不去脚了。我家的定制卫浴空间是由我自己设计、由箭牌家居制作完成的，这款定制卫浴空间以我的英文名 EKA（艾卡）命名，目前已经正式对外发布了。接下来我们就来细数一下小空间里收纳的大智慧吧。

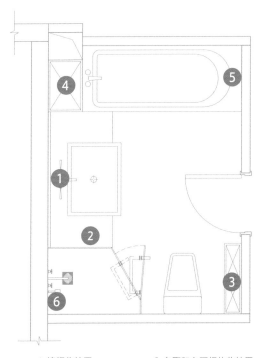

1. 镜柜收纳区　　　　　2. 台面和台下柜体收纳区

3. 马桶收纳区　　　　　4/5. 浴缸收纳区

6. 淋浴收纳区

镜柜收纳区

镜柜是我非常满意的设计，可以把家里的各类护肤品和卫生间里需要囤积的杂物都收纳进去，这其中最让我头疼的就是各类电子产品和永远也理不清楚的电线，通过一个隐藏线盒的设计，就轻松搞定了。电动牙刷、洗脸仪、吹风机等带有充电线装置的物品需要提前在镜柜中预留隐藏插座，把电线和插头都藏起来，这样从视觉上看，外观始终是干净整洁的。

卫生间镜柜可以隐藏的还有纸巾盒，用来放洗脸巾或者抽纸等，倒挂式设计可以防止纸巾被打湿，防止灰尘落在纸巾上，还能节省台面空间。

镜柜分为上、中、下层，最常用的就是镜柜中、下层，目光平视就可以看到物品，拿取也方便，是视线黄金区域（平视及向下45度视线范围内），所以，中、下层一般用来放常用的护肤品，而镜柜顶层和侧柜用来放备用的化妆棉、面膜、牙膏等各种物品。记得有一次某家店里化妆棉促销，一盒39元，三盒41元，请问，谁能忍住不买三盒呢？是的，作为一个非常清楚自己需要什么的资深空间管理师的我也没忍住，毕竟是每天都要用的易耗品。类似的情况还有很多，比如洗发水买一送一，纸巾需要一次性买一提（至少24卷），纸抽至少要备上一提（6包），洗衣液、消毒液也是经常买二送一，等等，这些都是日常必备的东西。适当参加优惠活动是在所难免的，但是可不要贪图便宜一次性买过多而导致用不完过期，这样就属于不理智的囤积行为，一定要分清备用和囤积的区别哦。

1. 常用区域

常用护肤品、
化妆品

2. 不常用区域

备用化妆棉、
面膜、牙膏等

3. 隐藏插座

4.倒挂式隐藏纸巾盒

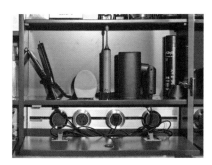

台面和台下柜体收纳区

　　台面收纳遵循一个原则——少放物品，多用一些小配件把台面物品都收纳上墙。台下柜体的收纳设计是我自己的想法，首先在柜体中间增加了一块内缩进 15 厘米的层板，这样的设计可以多一层收纳空间，打开柜门的时候拿取下层深处的物品也非常方便，不会遮挡视线，并且没有收纳死角。内缩层板还为柜门收纳篮拓展了空间，即分别在柜门内侧增加了收纳篮，左侧收纳常用物品，右侧收纳百洁布和抹布。右侧柜门打开后不耽误走动，抹布用完直接搭在收纳篮上，一夜就可以晾干，早晨再关好门，非常方便。台盆最下方的地面区也不要浪费，家里大小不一的盆可以隐藏在此，没有了五颜六色的盆影响整体效果，卫生间的颜值瞬间提升。

1. 台面物品收纳上墙　　2. 收纳篮——常用物品　　3. 收纳篮——百洁布和抹布

4. 内缩层板　　5. 大小不一的盆

马桶收纳区

马桶区是卫生间装修经常会忽略的收纳空间预留区，除了要考虑垃圾桶、常用卷纸和马桶刷，还要思考马桶附近还需要些什么应急的物品，比如女孩子的卫生棉、湿纸巾、替换的卷纸等，为了避免临时需要而拿不到的尴尬时刻，需要提前考虑备用储物功能。我在马桶旁边加做了一个侧柜，把垃圾桶和马桶刷隐藏在下方区域，这样马桶区既干净整洁又清爽卫生。侧柜的中间区域分为左右两格，左边放每天都需要使用的抽纸、卷纸，右边放卫生棉等女性卫生用品。柜体的台面上放置手机、书籍等如厕时的随手用品，而上方柜体就用来放置卫生棉、湿巾、卷纸、抽纸等备用物品，这样就不担心尴尬情况的发生啦。这里还要补充一点，为了防止细菌滋生，最好在马桶旁边安装高压清洁喷枪，用它清洁马桶，防止细菌滋生，清洁更彻底。

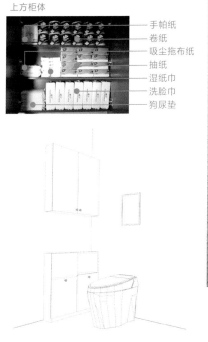

上方柜体
- 手帕纸
- 卷纸
- 吸尘拖布纸
- 抽纸
- 湿纸巾
- 洗脸巾
- 狗尿垫

1. 常用抽纸、卷纸　　2. 女性卫生用品
3. 垃圾桶　　　　　　4. 马桶刷等清洁用品
5. 淋浴遥控器　　　　6. 马桶遥控器

浴缸收纳区

浴缸附近一定要提前预留浴巾、衣物置物架，洗澡的时候睡衣、浴巾等物品可以放在这里。置物架也可以作为晾衣架使用，因为有些手洗的衣服需要沥水，加上浴巾也需要沥水，都可以放在这个位置沥好水再挂到阳台上。

1. 置物架　　2. 毛巾环

浴缸收纳区

a. 洗衣皂

b. 沐浴工具

c. 染发剂

d. 身体乳

e. 泡泡浴产品

淋浴收纳区

　　我家的淋浴房选择了 180 度外开门，这种设计更安全，适合家里有老人、小孩或者像我一样容易血压低的人，方便救助与自救。淋浴区的置物架一般家庭会采购两层，如果家庭成员较多，两层一定不够用，至少三层起。湿衣服沥水也可以选择在淋浴区安装伸缩晾衣绳来解决。我在淋浴区还安装了一个搓澡脚蹬，深受广大粉丝的喜爱，搓澡的时候特别方便。玻璃门外侧也要充分利用起来，安装固定器，一侧收纳拖把和玻璃刮，节省地面空间，另一侧收纳电动牙刷，节省台面空间。

1. 置物架　　2. 沥水绳　　3. 搓脚蹬　　4. 拖把固定器　　5. 电动牙刷固定器

卫生间装修贴心提示

1. 防水涂层/胶不要只刷地面,墙面至少要刷1.8米高,最好刷两层防水胶。

2. 墙砖压地砖铺砌,这样墙砖的水直接流淌在地面,而不是缝隙里。

3. 台盆柜要装台下盆或者一体盆,不要装突出在台面上的台上盆,否则特别难清洁。

4. 如果家里人口多要装双盆,洗漱时互不干扰,节省时间。

5. 浴缸或淋浴旁做壁龛,可以使空间更有层次感,也便于收纳洗护用品。

6. 没有梳妆台的人要装镜柜,不要装没有储物功能的镜子。

7. 淋浴区要做玻璃隔断,干湿分离,不易滑倒。

8. 要装高压清洁喷枪,更干净、更健康。

9. 干、湿区各装一个地漏,方便排水。

以上这几点为什么单独提出来强调呢？虽然每个家庭的实际需求都不一样，但以上这9点是每个家庭都会面临的装修问题，不听劝就一定会后悔。最后再来推荐一下艺术砖，如果装修时预算充裕，可以考虑小面积用一些艺术砖点缀，比如马桶后方等位置，可以让卫生间的空间层次感更强，也更美观。

特别思考：为什么原本有浴缸的家庭最后把浴缸变成了闲置品？

我认为浴缸的存在本身就是一种生活方式，泡澡就像健身，能不能坚持是关键。闲置的浴缸就像家里闲置的跑步机或其他健身器材一样，买来的时候觉得自己一定会坚持使用，可慢慢发现，跑步机上"长"满了衣服，而浴缸最终沦为收纳容器，原本想要过高品质生活的你，最终选择了将就着生活。你会发现自己的计划被各种各样的生活琐事打乱，你可能会有这样那样的借口，但我认为，生活是自己的，只要你想，没有什么做不到，你选择用什么样的态度来生活，生活就会用同样的方式来回馈你，不将就的生活态度不是口号，是要靠你的行动来实现的。

综合功能体

　　现在要隆重介绍一下我家的综合功能体了，它是集睡眠、工作、阅读、绘画及衣帽间等功能于一体的综合空间。如图所示，我把两个卧室打通，变成了一个房间，因为房屋面积有限，如果把每个功能区都划分出独立的空间，就会导致每个空间都很局促。我比较喜欢通透的感觉，所以进门的墙被我改成了玻璃墙，有几分酷炫的样子。打通以后在一个大房间里划分各个功能区，不但使房间显得宽敞，使用动线也非常方便。

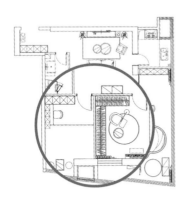

改造前

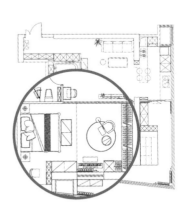

改造后

睡眠区

　　进入综合功能体后，右手边的地台上是我的睡眠区，放着一张可升降的电动床，是我的必要需求之一。以前我并不知道电动床的好处，买床垫的时候试睡了一次就再也没忘，连续几个月，每天睡觉都想它。所以，一定不要轻易说自己不需要某些东西，如果不是它真的不好，那就是你没有体验过它的好。

　　以前做舞蹈老师时，我的胸椎、腰部和膝盖都有不同程度的损伤，腿部供血不足，经常下肢肿胀，这个电动床可以像医院病床一样将上身和下身位置抬高，调整到我感觉最舒适的状态，大大提高了我的睡眠质量。最值得一提的是它的沙发功能，可以把整个床垫调整成沙发的样子，我坐在上面写稿子，思如泉涌，身心都跟着一起享受，坐久了也不累，简直是"码字族"的福星。这也是个非常棒的阅读区，靠在上面，整个人都是放松的，我喜欢在这个独立、安静的"沙发"上静静享受阅读的乐趣。

大胆用色、享受当下

睡眠区的壁布是我和妈妈都喜欢的颜色——一种复古的孔雀蓝，搭配波浪形的纯皮软包床头、金色的床品、复古的铜灯、色彩浓郁的装饰画，身处其中，仿佛我就是古代的公主。这里需要注意，我家的睡眠区做完吊顶以后挑高就很局促了，这时床头就不适宜太高，矮一些的床头会更美观。

壁布的质感会比壁纸和墙漆更胜一筹，所以我选择了高颜值的壁布。有人会问，卧室里用这么深的颜色不会觉得压抑吗？以后想换掉会不会很麻烦？我觉得每件物品都有它自己的生命力，每段生活也都应该有不同的感受，这个阶段我和妈妈喜欢这款壁布的颜色和质感，那就拥有它，等哪天我们不喜欢它，或者它旧了、坏了，那就坦然接受，换了就好，毕竟我们经历过彼此最美的样子。生命中的人、事、物亦如此，是昙花一现或长效永生，用时间来丈量吧，在未知的生活面前，我们都是个孩子，享受当下就是接纳自己。

安心的智能系统

整个睡眠区还有一处值得一提，那就是智能系统——电动窗帘、体感灯以及灯光总控系统。我选择了三色的筒灯，可以满足不同心情和模式的氛围需求，也可以随时呼唤"小爱同学"。

每天早上，叫醒我的是电动窗帘定时打开后洒在脸上的一抹阳光；夜晚下床，保护我的是自动亮起的感应小夜灯；不用下床就可以一键控制或声控调整全屋阅读模式、睡眠模式、会客模式灯光……这让我想起了每次出差住酒店的经历。可能长期出差使我习惯了住酒店，所以这样的设计使我觉得在家和在酒店都同样温馨，贴心又有安全感。

床头收纳小诀窍

我在上门进行整理收纳服务的时候，见过太多家庭凌乱不堪的床头柜抽屉，这里我们可以梳理一下床头柜里需要放些什么物品。首先我们需要明确一个认知前提，即物品集中收纳可以避免物品乱丢、乱放的现象，方便取用和归位，养成良好的生活习惯。

有了这样一个认知前提，床边常见的杯子、药品、书等物品就一定要记得定期归位，床头柜里只放一些睡眠区的常用用品即可。如果情况特殊，需要在床头柜里放一些药品或者指甲刀等小件物品时，可以用分隔盒装好放在抽屉里。建议在床头柜表面摆放一个托盘，用来放一时慵懒不想归位的小物品，但是要记得定期把托盘里的小东西归位哦。

托盘摆放一时慵懒不想归位的小物品　　抽屉里摆放电动窗帘遥控器、空调遥控器、眼药水

睡眠区装修贴心提示

1. 主卧灯光要柔和，不能太刺眼。

2. 如果睡眠质量不好，要选择遮光性比较好的窗帘。

3. 床头插座记得安装带 USB 或 Type-C 接口的。

4. 安装智能系统需要在改水电时就布局线路。

5. 尽量不要在卧室里设置工作区，一个人生活的或者睡眠时间同步的夫妻除外。

6. 卧室属于家庭私人空间，颜色可以大胆一些，选择自己喜欢的。

7. 卧室软装可以让房间更温馨，比如一幅画、一套床品、一块地毯。

工作区

小书桌里的大能量

上文我提到过卧室里尽量不要设置工作区，会影响家人睡眠，如果有另一半，尽量把工作区放在其他房间，但如果跟我一样，房子不大，又可以一个人支配，那在卧室拥有一个工作区才是最重要、最幸福的事情。很多时候我们什么都想要，却不知道哪些是自己紧迫且必须拥有的，而在我家，拥有一个工作区就是我的必要需求。虽然卧室不应当是工作的地方，但想工作的时候有地方，这就是幸福。

以前跟母亲住的房子里没有独立的书桌，我只能在床上或者沙发上写东西、看书，很难完全安下心来。近几年我非常渴求家里有可以工作的区域，现在我拥有了这张小小的书桌——"你"的空间不大，"力量"却很大。

大家可以在装修的过程中思考如何选择，学会挑选紧迫且重要的需求优先拥有，也可以合理地做出取舍，掌握属于自己的生活。

隐藏的小世界

在这个区域里，隐藏了我的两个私人小世界，第一个是书桌上方的层板区，这里摆放着我的玩具，都是一些小摆件。很多人觉得这样陈列摆放特别容易落灰，但打理起来其实很简单，把摆件放在盆里洗好晾干，再陈列上去就可以了。因为生活态度不同，所以看问题的角度也不同，我看到的是这些玩偶的一举一动、一颦一笑，还有那些既可爱又坚定的眼神带给我的信念。与之相比，却是要感谢灰尘了，因为每次擦洗完灰尘后，都是一次新的陈列、新的布局、新的场景设定、新的故事情节——各种陈设、房子、植物和小动物，小月、小梅、龙猫，还有独自站在路灯下那个单纯的无脸男……

第二个就是绘画区域了，这个区域除了办公，还兼顾绘画功能，书桌左侧的推车里摆放了我绘画时用的颜料和各种小工具。

把椅子转换个方向，将画板移动到椅子前，就可以在这里安静地绘画。

绘画是我从小埋藏在心底的一颗种子，因为小时候我特别喜欢画画，可母亲强烈反对，她更希望我学好音乐。我还记得 2015 年在一次讲座中听过一句话，是非洲经济学家丹比萨·莫约（Dambisa Moyo）曾说过的，意思是：种一棵树最好的时间是十年前，其次是现在。听完讲座的那一年，我走进了一个成人 DIY 画室，画了人生中真正意义上第一幅完整的成品画，接着便一发不可收拾，我开始自学画画，于是就有了本书中大家所看到的部分被挂在墙上的画。

　　为了方便绘画，我把颜料都放在了这个小推车内，可以随时拉着走，想去哪里画都可以。推车分为三层，上层收纳画笔和各种小件绘画工具，中层和下层用来收纳颜料。当然，这里的工具只是我经常用到的，一些不常用的绘画工具被我收纳在书柜下方的抽屉内。

　　这里不是家里唯一的绘画区，而是众多绘画空间的其中一处，后面的内容会带大家了解更多可变的绘画空间。

工作区的收纳要点

【文件类】

　　不常用的文件可以收纳在书柜内，常用的文件收纳在书桌上，需要注意的是，不论是否常用，都需要将文件详细分类后再进行收纳，这样方便按类别查找。

【文具类】

　　不建议在桌面上放置太多文具用品，因为文具种类繁多，颜色也多，放在桌面特别容易显得凌乱，还不方便打扫。建议将常用的文具分类放在书桌下方的抽屉内，利用抽屉分隔盒来做好类别分隔，不占用桌面空间，不易落灰，取用方便，一目了然，一举多得。

阅读区

书柜设置扩充阅读空间

　　人的成长要经历很多变化，十年以前，因为不爱学习，我几乎不买书，待在自己的舒适区里不愿走出来。十年间我的生活发生了太多的变化，从没想过读一本好书会让自己很兴奋、很充实，也从没有想过有一天我会写书，生活就是这么神奇，充满着挑战与变化。随着阅读兴趣的提升，我发现拥有一个属于自己的学习空间特别重要。

　　我的阅读区采用了循序渐进的扩充方式，先买了一个书柜，这个书柜可以摆放 150 本书，预计一年后的书量需要再增加一个同款书柜，预留的这个空间刚好可以放得下。如果书再多，估计也熬到我可以换新房子的时候了。

书籍摆放提升阅读体验

书籍摆放是很多家庭的烦恼。在这个不大的家里，书虽然占用的空间并不大，但也要保证书柜的整洁，确保书前无杂物，否则就会出现找不到书或者取用不方便的情况。

很多家庭会在书前放各种摆件，这样不但会造成书难以取用，还会显得书柜特别凌乱。已经有书柜的家庭，建议大家把书柜的功能区进行纵向分区，每个纵向区域内收纳相同的物品，按照书籍区、相框摆件区等将所有物品分类陈列，这样书柜就不会凌乱了。

喜欢看的书和希望提醒自己阅读的书应摆放在视线黄金区域，这样，每次来到书柜前，就能很轻松地看到自己想看的书，而且很容易拿到。当然，如果你家的书主要起装饰作用的话，那么这个位置就可以放一些精装书，一眼望去，就能看到这些装帧很好看的书。

不常看且相对比较轻的书可以摆放在较高的位置，即你的胳膊抬起来也很难拿到，需要借助梯子或凳子才可以够到的地方。比如，那些有点年头的书，有些纸张都已经发黄变色了，你可以选择把它们放在最上面。

不常看但偶尔会用到的比较厚重的书，比如政治、法律、哲学、宗教类的书以及字典等，可以放在偏下面一点的位置，就是你要低头或者蹲下去才能拿到的地方，这样不容易压弯书柜层板，也不担心书太重会掉下来，比较安全。

藏书类的，比如整套精装版、纪念版的书，或是市面上已经绝版的书，可以放在书柜的最上方收藏起来。

设计类和儿童绘本类的书会比常规书的尺寸大且不规整，还有相册、旧文件等不规整的物品等，都可以考虑放在书柜下方的掩体柜门里。我家这类物品比较少，所以书柜没有买带掩体柜门的，如果考虑长期居住，建议购买带掩体柜门的柜子。

书籍摆放原则

遵循以下几个顺序和原则，就可以让你的书柜轻松变整齐。

1. 按照书籍类别分类摆放。

2. 将同类别的书按照左高右低的顺序排列。

3. 将右手伸至书后方，从后面推动书使其外侧在同一水平线上。

4. 摆不满的层板可用书立做隔挡，防止书倒塌。

书柜收纳的五大法宝

除了合理地陈列书籍，书柜还需要兼顾证件、收据、发票、商品使用说明书、小型电子类产品和常用数据线等物品的收纳功能。

【证件、卡片】

1. 整理出贵重证件和非贵重证件。

2. 再分别将常用证件和不常用证件分开。

3. 按照每个家庭的习惯将非贵重证件收纳到书柜下方，用收纳盒或者收纳袋分装，贵重证件可以放在保险箱内。

4. 保险单、水卡、电卡等应急物品放在好取用的位置，并让全家人知悉。

【日常收据】

1. 按照票据类别进行分类，如水费、电费、煤气费、物业费等。

2. 将各类别再按照年份分类。

3. 将同年份、同类别的收据放入相同收纳袋，并贴好标签。

4. 将同年份、不同类别的收据放入相同收纳袋，并贴好标签。

5. 最后可将超过一年的收据放入同一收纳袋，将当年的收据按不同类别放在同一收纳袋，并贴好标签。

6. 将所有分类好的收纳袋集中收纳在一个大袋里或分别码放在收纳盒内，并分别贴好标签。

【发票、停车费、过路费等报销类票据】

1. 按照票据的月份进行分类。

2. 当年票据按月份分类，再根据不同类别放入不同收纳袋，分别贴好标签。

3. 超过一年的有用票据可直接按照年份放入同一收纳袋，并贴好标签。

4. 超过一年的不可报销或不涉及保修功能的多余票据可适当进行取舍。

5. 将所有分类好的收纳袋集中收纳在一个大袋里或分别码放在收纳盒内，并分别贴好标签。

【商品使用说明书】

1. 每个说明书用独立收纳袋收纳，并贴好标签。

2. 有保修功能的票据（如电器类）与说明书放入同一收纳袋。

3. 将所有分类好的收纳袋集中收纳在一个大袋里或分别码放在收纳盒内，并分别贴好标签。

【电子类产品及数据线】

1. 把小型电子类产品码放在收纳盒内。

2. 用绕线器将数据线分类收纳，摆放至收纳盒内。

3. 同一款产品及其数据线可用大号收纳袋收在一起并码放在收纳盒内。

一键掌握最优书柜尺寸

准备装修房子或者想换新书柜的家庭，首先要了解一下市面上常规书的尺寸都有哪些：

16 开书籍　260 毫米 ×185 毫米　　大 16 开书籍　285 毫米 ×210 毫米

32 开书籍　185 毫米 ×130 毫米　　大 32 开书籍　210 毫米 ×140 毫米

64 开书籍　130 毫米 ×90 毫米

书柜内部示意图

1. 书籍陈列　　　　2. 大件文件收纳　　　　3. 小件文件、票据及小件物品收纳

书柜外部示意图

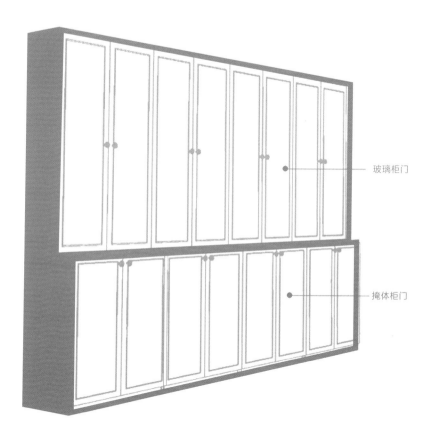

玻璃柜门

掩体柜门

其中尺寸较大的为大 16 开书籍，它和 A4 纸的宽度相同，为 21 厘米，放在常规 30~35 厘米深的书柜里会多出 9~14 厘米，就会造成前文说到的书籍前面摆放各种小物品，导致书柜看起来非常凌乱的问题，那么什么样的书柜最适合收纳各种尺寸的书呢？

书柜总高 2.2 米左右。

上方：玻璃柜门，高 140 厘米左右，深 25 厘米，每层层板高 35 厘米。收纳杂志、普通书籍、文件夹等适合陈列摆放的物品。放普通大小的书会有近 10 厘米的空余，放杂志、文件夹或 A4 纸大小的书会有 1~4 厘米的空余。

下方：掩体柜门，高 80 厘米左右，深 40 厘米，每层层板高 40 厘米。婚纱照、A4 纸、不常用资料、各种票据、各类电子产品和各类需要放在书房里的杂物，大小不一，不适合陈列出来，这个空间刚好能收纳它们。

阅读是生活中不可或缺的体验，是一种经历，是思想的台阶，一本一本，一步一步，带我们去更高、更远的精神世界。在这个提前规划好的阅读区里，所有的物品都井井有条，在各自的"家"等待主人的召唤，干净整洁的样子让我们免于视觉干扰，回归了阅读初心，留下的是一抹阳光、一杯清茶、一颗宁静的心和一种不将就的生活态度。

衣帽间

装修过程中，我放弃了一间卧室，将其与另一间卧室打通，形成了开放式的衣帽间，这是这套房子我非常满意的设计之一。妈妈从小就是个不将就的人，对我的教育亦是如此，所以这么多年的从业生涯连同你正在看的这本书，都在传递着一种不将就的生活态度。这个衣帽间对我来说，不单是收纳衣服的容器，也承载着我对美好生活的眷恋，对自己心爱物品的接纳与认可。

打造理想的衣帽间格局

我原本打算将这个 L 形衣帽间做成一个 U 形的，U 形衣帽间可以多放近 200 件衣服，可是 U 形会使客厅与衣帽间有一墙之隔，不是那么通透。思来想去，我决定放弃近 200 件衣服的收纳功能，将连接客厅的墙打通，把原本的 U 形衣帽间改成 L 形衣帽间，在窗户下方放置钢琴。在自己独立的空间里弹奏钢琴，可以徜徉在音乐的小世界，完全不受外界的干扰，只随着旋律感受悠扬的琴声。

钢琴旁的地台上摆放着好用的八斗柜，它简直就是家中小件物品的收纳神器，用来收纳眼镜、饰品、内衣、内裤等。我见过太多家庭的小件物品用一个个超市塑料袋装好后堆在衣柜的层板上，且不说衣柜会凌乱不堪，重要的是塑料袋不卫生，不适合装贴身物品。

衣帽间的灯光可调节明暗，瞬间转换空间功能，可以铺上瑜伽垫，对着更衣镜练习瑜伽，也可以放上喜欢的爵士乐，在家中接待三两好友，畅聊天地，

"天下之乐，孰大于是"。

不只如此，这里还有一个重要的拍摄功能。因为工作需要，我经常要拍一些 Vlog（视频博客）、视频课程或进行采访等，需要一个衣柜相关的背景，这个空间既"独立"又"开放"，拍摄景深也足够，想要在同一个空间满足这么多的需求，一定是需要提前做空间规划的。说到这儿，你是不是也想把闲置的卧室改成衣帽间了呢？

如果你有一颗热爱生活的心，有一种曾经向往的生活，想一想，是什么阻止你放弃了这种生活。经济的贫穷不可怕，精神的贫穷却会摧毁一个人，钱可以赚，热爱生活的心如果没了，那将是一辈子的孤独。

八斗柜收纳法

【眼镜收纳】

把所有眼镜集中收纳在一个抽屉中，不常用的放在里面，常用的放在外面，也可以更换成透明眼镜盒，方便查找。

【饰品收纳】

将饰品根据不同尺寸收纳在相应的自封袋内，再按类别将自封袋放在不同的分隔盒内，集中收纳在同一个抽屉中。这样收纳不但能节省空间，防止饰品氧化变色，还能对饰品所收纳的位置一目了然，取用方便，出门或出差的时候携带也非常方便。

【内衣收纳】

　　因为有足够的收纳空间，我选择将内衣平铺在抽屉里，这样可以防止内衣变形，又整齐美观，而且不需要烦琐的收纳方法，取用和归位都非常容易。

【内裤、安全裤、瘦身裤收纳 】

　　将内裤和安全裤折叠后分别放入抽屉分隔盒内，小件内裤和安全裤适合小号分隔盒，瘦身裤或瘦身衣相对大一些，可以折叠后收纳在大号分隔盒内。

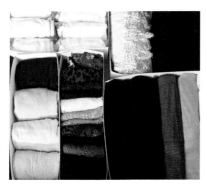

【 发带、腰带、腰封、假领子等配饰收纳 】

　　将发带对折后再折成三折，收纳在大号分隔盒内，假领子、腰封等配饰折叠后也适合用大号分隔盒收纳，小腰带卷放收纳，适用小号分隔盒。

眼镜收纳 ①

内衣收纳 ③

发带、腰带、腰
封、假领子等配 ⑤
饰收纳

打底裤收纳 ⑦

2 饰品收纳

4 内裤、安全裤、
瘦身裤收纳

6 袜子收纳

8 吊带、丝袜收纳

【袜子收纳】

　　袜子根据不同的筒高分类，如袜套、船袜、短筒袜、中筒袜、高筒袜等，折叠后收纳在小号分隔盒内。这里需要注意，不同的袜子折叠的方法不同，但要保证同类别的袜子摆放整齐。最简单的办法就是对折、对折再对折，这种方法取用和归位都非常方便。

【打底裤、丝袜收纳】

　　根据不同款式进行分类，如高筒袜、连裤袜、脚踩袜、九分裤袜等，中等薄厚的同样用对折、对折再对折的方式折叠到小号分隔盒内；特别薄的丝袜需要在对折最后一步将腰部向外翻折，包裹住丝质部分，防止丝质部分被刮花；加厚的裤袜或打底裤可以折叠成与大号分隔盒同样的长度，收纳进去；特别厚的可以折叠后直接码放在抽屉里。

衣柜内别有洞天

我家的衣服都是挂起来的，如果你是我的粉丝，就不难理解了。"留存道"的理念是"衣服能挂坚决不叠"，我很讨厌衣服叠完又反复凌乱的样子，觉得是在浪费时间、浪费生命。满足以下几点，就完全可以不用再"叠叠叠"了。

1. 按下文中的衣柜标准规划内部格局。

2. 选择悬挂后肩膀不出"小耳朵"的干湿两用衣架将衣服全部挂起来。

3. 将洗好的衣服归位。

这样一个井井有条、永不复乱的完美衣橱就出现啦！如果上面这几点你看得云里雾里的，可以参考一下我之前写的两本关于整理收纳的书，细节很清晰，一学就会。

【睡衣收纳】

睡衣和家居服收纳要先分类。非当季的睡衣、家居服可以与非当季衣物一起折叠在百纳箱里，放置在衣柜最上方的储物区内。当季的睡衣和家居服要成套折叠在抽屉内。超薄真丝睡衣非常光滑，折叠后容易松散，需要用大号分隔盒收纳，可以避免散落现象。当季所有睡衣都集中在一起，不会出现找不到的情况。

【丝巾、围巾、披肩收纳】

丝巾、围巾、披肩收纳在衣柜抽屉的中、下层。薄的丝巾很难固定，所以用大号分隔盒收纳，防止滑脱凌乱，放在中层抽屉中。厚的围巾或披肩直接用三折法调整折叠的宽度，直接收纳在下层抽屉中。竖向收纳可以避免围巾收纳盲区，你能清晰地看到每一条的图案，取用和归位也方便。

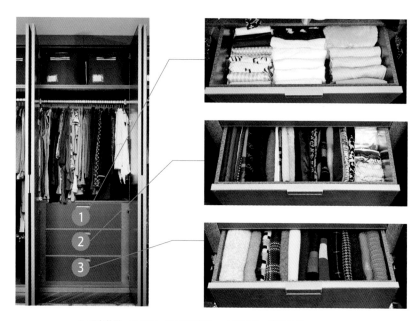

1. 睡衣收纳　2. 丝巾、薄围巾收纳　3. 厚围巾、披肩收纳

1. 度假裙和泳衣　2. 帽子　3. 羽绒服　4. 厚毛衣　5. 厚卫衣　6. 客用被子

【换季衣服收纳】

因为衣帽间够大，所以我的大部分衣服是不做换季处理的，目前只有厚毛衣、卫衣、棉服和羽绒服等易变形或体积较大的衣服会进行换季收纳。我将它们分类折叠在百纳箱内，放置在衣柜的最上方或者床下等不占用日常生活空间的地方，贴好标签，便于换季时查找。

【床品套装收纳】

家中的床品套装极易凌乱，经常出现找不到一整套的情况，可以用其中一只枕套作为"收纳袋"，把床单、被罩和另一只枕套折叠成枕套宽度，塞在枕套内，再对折成百纳箱大小，一层一层收纳在百纳箱内。如果是比较厚的床围，可以把床围单独折叠好，其他单品同样收纳在枕套中，一起放在同一个百纳箱中。收纳好后贴好标签，放在衣柜上方储物区、层板区或者长衣区下方空白区。

【换季被褥收纳】

换季被褥尽量折叠到百纳箱中，一个百纳箱可以容纳一床10斤左右的厚被子，或者2~3床薄被子，只需要折叠进去就可以了。这里需要强调的是，换季被褥不推荐用真空收纳袋收纳，除了抽真空以后不好看，真空袋极易胀袋，胀袋就代表密封性不好，就变成无用的垃圾了，太浪费，而且塑料材质也不环保，质量好一些的、不易胀袋的真空收纳袋售价也比百纳箱贵。百纳箱的好处是可以收纳除衣物、被褥、床品外的其他物品，如毛绒玩具、各种纪念品、帽子等，不使用的时候可以放入百纳箱，不占空间，记得也要贴标签哦。

【熨烫机收纳】

在衣帽间的设计中，熨烫机的摆放是我的一大烦恼。我不喜欢衣服皱皱的，我觉得得体的服饰是对生活最基本的尊重，所以家里一直有一个二合一熨烫机和熨衣板，把它们摆在外面既占地方又容易落灰。为了解决这个问题，我跟衣柜定制厂商索菲亚家居商量了不知多少版方案，经过产品设计师的反复修改，我放弃了原装熨衣板，换成了可折叠熨衣板，终于让我实现了想要的样子——不占空间又可以隐藏在衣柜里。如果你家也有跟我一样的烦恼，不妨试试这个设计理念。

衣柜设计参考

　　衣柜分为两大区域，一个是储物区，一个是陈列展示区。下图为常用衣柜的区域分布，即储物区在上方，陈列展示区在下方。但不论储物区在陈列展示区的上方还是在其中，陈列展示区的高度都应固定为 2 米。

常用衣柜参考图

如果是总高度只有 2 米的衣柜，储物区应设置为衣柜内部其中的一个柜体（见下图）。

总高2米的衣柜储物区参考图

【储物区】

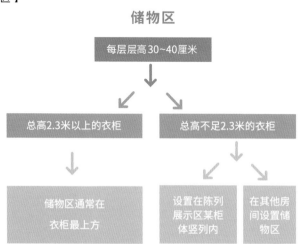

储物区常规高度为 30~40 厘米，但也有因为房屋总体比较高，储物区高度设计为 50~60 厘米的。这个区域除了存放上面提到的衣服、被褥，还会存放一些包、帽子及其他小件物品。需要注意的是，需要用百纳箱等收纳工具将这些物品分好类，给所有箱子贴好标签，再放进去，而不能直接将其胡乱塞进去。理由很简单，分类收纳查找简单、取用方便且不易复乱。

【陈列展示区】

陈列展示区除总高 2 米为固定尺寸，2 米内的空间可以根据每个家庭的衣服款式和户型大小而定。比如，超长连衣裙较多的话，需要预留长衣区；及膝连衣裙较多的话，需要预留中长衣区；男士半身衣物较多的话，需要预留短衣区。

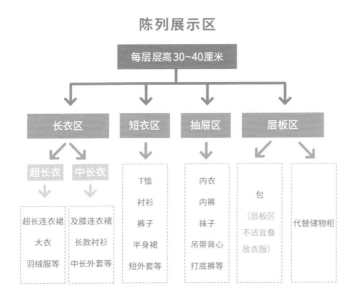

陈列展示区

总高2米的衣柜陈列展示区参考图

长衣区

每个家庭中都会有连衣裙、风衣、大衣等比较长的衣服，一般家庭这类衣服的数量比短衣少。长衣一般分为两种尺寸，到膝盖左右长度的衣服为中长衣，衣柜需预留 120 厘米左右；到小腿和及踝长度的衣服为超长衣，衣柜需预留 150 厘米及以上。

短衣区

大多数家庭中使用最多的就是这个空间，通常是将衣柜陈列展示区标准总高度 2 米均分而成。大多数设计师会把衣柜的陈列展示区设计得上面高一些、下面矮一些，理由是下面挂裤子或半身裙，不需要太高。其实，合理的短衣区尺寸应该是能挂上衣、长裤、短裤、短裙等所有可以分体搭配的衣服，想挂什么就挂什么。否则，当你的着装喜好或衣服款式发生变化后，你的衣柜空间就做不到"进可攻、退可守"了。

短衣区按照陈列展示区标准总高度 2 米均分就可以，已经包含衣杆与层板的距离和衣架挂钩的高度，适用于男女款式的所有短衣、裤子、半裙、短裤等衣物，可以满足身高 1.5~1.9 米的人群的使用需求。

抽屉区

这是衣柜中必不可少的区域，通常用来收纳内衣、内裤、袜子、吊带背心、打底裤等小物件。一般情况下，它应设计在中长衣区域的下方，将这个空间均分为3~4个抽屉即可，3个抽屉的话每层高度为30厘米左右，适合收纳厚衣物，4个抽屉的话每层高度为20厘米左右，适合收纳内衣、袜子、吊带、打底裤等小件物品。

如果家里衣柜尺寸不大，不宜设计太多抽屉，可以像我家一样，考虑用斗柜来代替，市面上有四斗到九斗不同大小的斗柜可以选择。

层板区

有的家庭需要这个区域，有的则不需要；有的家庭需要多预留一些，有的则需要少预留一些，但不论多与少，它的空间都应该是独立的。比如，包区可以独立占用一个或多个层板区，层板与层板间距尺寸参考前文。这里要说的一点是，如果你家有其他区域收纳包的话，尽量不要占用衣柜内的空间。

衣柜的陈列展示区格局分布图

【男士衣柜】

男士没有连衣裙，长款大衣也相对较少，所以预留少量的长衣区，其他都设计为短衣区。

男士衣柜格局分布图

【儿童衣柜】

8岁以上的儿童衣柜格局与成人一样。8岁以下的儿童衣服相对较小，所以2米高度的衣柜内，可以设计3个短衣区和1个中长衣区，如果孩子长大了，可以将3个短衣区改成2个，恢复和成人一样的尺寸，满足孩子不同时期的变化。儿童的小件物品很多，所以需要多预留一些抽屉。

8岁以下的儿童衣柜格局分布图

8岁以上的儿童衣柜格局分布图
（与成人衣柜尺寸相同）

【连衣裙较多的衣柜】

　　连衣裙较多的衣柜要提前预留更多的长衣区域。一定要弄清楚上文提到的中长衣和长衣的区别，按需定制，否则就会浪费空间。

连衣裙较多的衣柜格局分布图

衣帽间设计贴心提示

1.家里空间够大的情况下，尽量设计成有储物功能的独立衣帽间。

2.衣柜尽量选择平开门，万不得已的时候再选择推拉门。

3.衣服能挂坚决不叠，尽量预留足够多的悬挂空间。

4.小件物品较多的家庭需要多预留一些抽屉，也可以用斗柜来代替衣柜内抽屉，留更多的空间给挂衣区。

5.上文参考图仅供大家参考内部格局，需根据自家实际情况预留空间，调整相应宽度。

厨房

　　"不将就"是我生命中极其重要的生活态度，厨房也不例外，所谓唯有美食不可辜负，对待美食要更加用心才对。生命的意义不仅在于活过，而在于如何活得更好，吃饭的意义也不仅局限于吃饱，还可以吃出健康和美丽的心情。当然，这与每一件厨房美物都脱离不了关系，大到锅、碗、瓢、盆，小到可爱的筷子托，从餐巾、餐垫到餐具，每件物品都寄托着家的温暖，在面对这些物品时，我们要细心对待。橱柜里的小抽屉和各种收纳篮必不可少，将心爱的小物件整齐划一地摆放好，可以轻松取用，随时用它们布置出精致的场景，美食加美美的摆盘，换来的是美好的心情，何乐而不为呢？

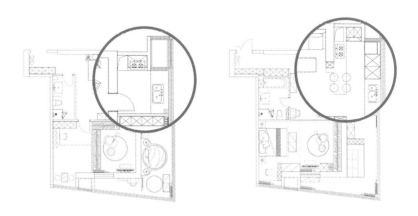

改造前　　　　　　　　　　　　改造后

打造理想的厨房格局

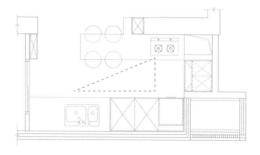

厨房动线图

在规划厨房的时候，我有几个特别棘手的问题需要解决

1. 厨房有一个T形承重立柱物业不让拆除。

2. 厨房空间小。

3. 灶具空间局促，操作不方便。

4. 没有墙面可以做吊柜，厨房收纳空间小。

5. 没有餐厅的位置。

6. 厨房里没有适合放冰箱的位置。

7. 生活阳台没有污水管，洗衣机没地方放。

8. 想把电饭煲嵌入台面。

　　交房后我发现厨房的空间非常小，还有一个 T 形承重立柱，为此我与物业反复沟通，确认可拆后，才终于松了一口气。

　　拆除立柱和墙面，把原本局促的空间变成宽敞的开放式厨房，但厨房右侧有一整面都是落地窗，没有办法安装吊柜，这就出现了另一个问题——收纳空间不足。一般家庭大致都可以预测到会有多少锅、多少调料、多少碗筷，还有很多厨房要用的零散工具和食材，收纳空间不足将是造成未来厨房凌乱的重要原因。

　　开发商预留的烟机灶具位置也是相当局促的，左右两个墙面间只预留了80厘米的宽度，且左侧墙面过窄，这两个位置正常尺寸的烟机都放不进去，炒菜的时候两个手肘也不好操作。经过思考后，我选择把左侧墙面加宽，把烟机灶具改在左侧墙面的位置，再把台面加宽，延伸出一个餐桌的空间，这样没有餐厅的问题就解决了，最后将原来灶具的位置做成了储物柜，可是即便这样，收纳空间也是远远不足的。

　　除了收纳空间不足，冰箱和洗衣机也实在是无处安放了。我不能接受冰箱放在客厅或者次卧，也不能接受洗衣机占用原本已经很满意的卫生间空间。面对这个难题，我选择了保留实用的功能，遮挡了厨房一半的落地窗做成柜体，把冰箱和洗衣机规划在这个位置，剩下的空间留给储物功能，这样冰箱、洗衣机和收纳空间的问题就都解决了。

照片中大家可以看到台面上有一块黑色的玻璃面，如果我不说，你一定猜不到这是一个智能电饭煲。没错！我把电饭煲嵌在了桌面里。从业十年，我在成千上万的家庭中无一例外都会看到电饭煲摆在台面上，不仅占用台面空间，锅体外侧还容易脏，这也是中国家庭几代人的共同烦恼。这款"TOKIT"电饭煲是小米生态链纯米科技的产品，是我认为市面上颜值高、性价比也非常高的一款电饭煲，负责人是我非常好的朋友，有一次一起吃饭，他的员工突发奇想："我们这款电饭煲的盖子特别薄，而且后面没有突出的水槽，也不知道它能不能嵌入台面……"说者无心，听者有意，装修前我就在规划它的摆放位置，琢磨嵌入的可能性，最后找到了司米橱柜，他们派出了专业的设计师和我共同实现这个奇妙的想法。这种突发奇想需要做非标设计，最后我们排除万难，联手把这个高颜值的电饭煲嵌入台面，那一刻我真是极其佩服自己又做了一件开创先河的事儿（此刻内心在自恋式地暗喜），用合伙人的话来说，这一次的天马行空，你又侥幸赢了。

感慨进入空间管理行业的这十年，就是在一次又一次的天马行空下，支撑着我和团队走到了今天。

也有很多人担心电饭煲脏了或者坏了怎么办，首先我非常信任这个品牌对于产品质量的把控，以及售后服务的专业度，所以这方面不用担心。其次电饭煲是直接放进去的，不是固定在桌面里的，可以随时取出来，清洗和维修都非常方便。

厨房收纳不将就

厨房收纳离不开二八原则——二分露、八分藏。露在外面的是每天常用或能美化空间的物品，藏起来的则是不宜摆放出来的各类杂物，前面已经看到我把冰箱和电饭煲做了隐藏式设计，除了这些，我还在厨房"藏"了些什么呢？

抽屉第一层

抽屉第二层

抽屉第三层

1. **不常用干料**。以防潮湿，被我安置在远离水槽的吊柜中。

2. **各种锅具**。做个不围锅的好孩子，尽量买多用锅，放置在地柜中，可以解决很多收纳难题。

3. **调料**。各种调料收纳也是一大难题，不常用的放置在地柜的拉篮内，常用的收纳在墙面上。

4. **常用干料**。水管前的小空间也不要浪费，做成柜子可以用来收纳各种装干料和五谷杂粮的瓶子，取用方便又赏心悦目。

5. **各种杂物**。厨房的杂物千千万，准备齐全太占空间，准备不全用起来犯难。这个收纳柜就是我牺牲了一面落地窗换来的收纳空

间，虽然它从外面看不大，但家里厨房用的小杂物基本上都在这个空间里了。

6. 直饮水机和厨房清洁用品。水槽下面是最方便收纳这些物品的地方。

7. 烧水壶。我专门在厨房边角处设计了饮水区，硬装时在地面提前预埋了上水管和直饮水机相连的管子，这样就可以无缝在两个区域使用直饮水了。

8. 杯具。常用的、漂亮的当然要摆在台面上，不常用的收纳到烧水壶周边的柜子里，方便取用，可以根据杯子的高矮适当增加柜子的层板来进行扩容。

厨房的储物收纳设计较为简单，无非是要确认厨房空间的容积率，根据自己常用的物品提前规划好放置的位置。只有对自己和家人的生活负责且不将就，你才不会有过多的囤积物品，你要相信厨房的整洁度直接关系到家庭的温度。

厨房格局设计小贴士

1. 我家冰箱是全嵌入式，它与普通冰箱的散热方式不同，普通冰箱不能这样嵌入。

2. 冰箱放在窗边担心太热，可以在窗户上先贴玻璃防晒膜，再贴隔热板，防止冰箱、洗衣机及橱柜长时间被太阳照射产生安全隐患。

3. 我家人口少，单门冰箱足够用，人口多的需要双门冰箱。

4. 双子洗衣机注入洗衣液的位置在最上方，设计柜体的时候需要提前在上方层板预留开口。

5. 洗衣机左右两侧需要与柜体隔开一定空间。

6. 不是所有电饭煲都适合嵌入桌面，需要提前评估并确认橱柜厂家愿意接这样复杂的非标设计订单。

7. 厨房要以长期使用者的习惯来规划动线和收纳物品，谁的厨房谁做主。

开放式厨房重新定义餐厨关系

厨房的设计中最容易忽略但最重要的是餐厨关系的梳理。曾经有朋友跟我抱怨，说自己在厨房里忙活，两个炉灶都开着火，台面上东西都堆满了，叫老公帮忙把炒好的菜端到餐厅，因为厨房关着门，吼了几声老公都没听见，她只能把火关掉自己端出来，却看到老公在沙发上跷着二郎腿玩游戏，气就不打一处来，两个人便吵了起来……两个人在不同家庭、不同生活环境各自生活了二三十年，结合在一起需要相互磨合，你想让曾经没有做家务习惯的另一半摇身一变成为一个全能选手，这真是太难了，但并不是不可以，而是需要一个全新的、能正向影响家庭关系的环境来感染对方。

如果你家是封闭式厨房，你在厨房的点点滴滴是很难被人看到的，更别指望谁能主动理解你，但开放式厨房可以很好地改善家庭关系。像我朋友那种情景，她老公可以说"没听见"，但如果是开放式厨房，这个理由好像就不成立了，其实很多家庭矛盾的产生是因为家庭成员对事物认知的角度和立场不同。如果在开放式厨房里，一个人忙得不可开交，让另一半把菜从厨房端到餐桌上，对方还是视而不见的话，我觉得就可以有理有据地跟对方谈一谈了，否则就会在一些鸡毛蒜皮的事上分不清责任，互相扯皮。所以，相比于一味地在封闭式厨房里默默付出，希望对方能够理解你，倒不如在开放式厨房里让对方真切地看到你的努力和付出，这样显然更直观，也是视觉沟通强有力的体现。

"我觉得他应该理解我的辛苦"，"我觉得""应该"这样的词语显然是苍白无力的，在这个世界上任何人都没有懂你的义务。无论是你的父母还是你的爱人，都需要你在日常生活中做好正确的传递工作——信息的传递、思想的传递和情感的传递，这样才能让他们更懂你，而开放式厨房在家庭餐厨关系中，就起到了非常重要的情感交流和信息传递的作用。

所以，我的建议就是尽量设计开放式厨房。如果饮食习惯偏中餐，比较担心油烟问题，或者你的楼盘不允许设计开放式厨房，可以选择用玻璃隔断门或者在厨房墙面上开个窗来解决这个难题，玻璃隔断门即便关上，外面的人也可以看到厨房里忙碌的身影，那里有爱、有你、有温度。

次卧

我家的次卧是为了母亲准备的，她会不定期过来住一段时间，每年加起来的时间不到半年，也就是说这个房间有半年以上都是闲置的。我当然不会允许一张床占据寸土寸金的房内空间，所以，装修之前要算好一笔闲置成本的账。

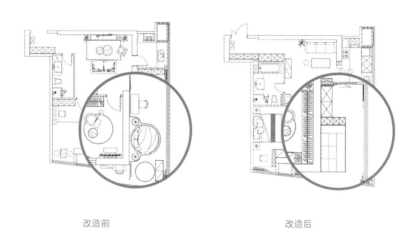

改造前　　　　　　　　　　　改造后

利用闲置次卧优化居住空间

改造后的次卧连接着生活阳台，地面加了 15 厘米高的地台，与窗台平行，增加了整个空间的宽度；进门右手边是一个宽 2 米左右的衣柜，衣柜最左侧与地台间隔出一个小吧台，平时可以在这里晒太阳、喝茶、喝咖啡、看风景；

吧台的背面用来做床头，地台上放了一个 1.5 米 × 2 米的床垫，不同时期切换不同的功能。妈妈来了次卧就可以成为她独立的卧室，一个人住的时候次卧就是我的生活休闲区兼储物区，我可以在这里看看风景、画画油画、看看书、发发呆、晒晒太阳，这才是生活应有的样子。

　　每次去顾客家遇到闲置的次卧我都会苦口婆心地唠叨几句，因为经常看到很多家庭的次卧都是空着的，而他们无一例外地总想着万一家里来客人怎么办。其实大家可以回忆一下家里上一年的状态，计算客人到访并留宿的时间占全年的比重，就不难决定装修的时候是否要为一张长期无人居住的床而浪费整个房间了。如果把这个闲置的房间设计为衣帽间，不但可以放下所有衣服，还可以用来收纳家里的其他杂物，生活空间就不会乱七八糟，家的氛围会更温馨、更舒适。

打造次卧五大收纳功能区

次卧兼顾了家中很多杂物的存储功能，即便是不常住人的房间，也要让它发挥最大的价值。

次卧一共有 5 个收纳功能区：

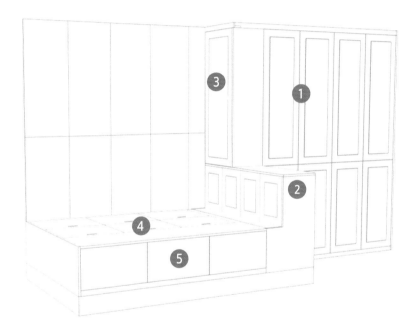

1. 衣柜区

2. 吧台区

3. 床上收纳区

4. 榻榻米柜

5. 榻榻米抽屉

衣柜区

　　衣柜上方的储物区收纳换季的衣物和女儿的衣服，下方陈列展示区收纳一些母亲不常用的衣物，抽屉区收纳母亲的各种小杂物。

吧台区

　　吧台下方左侧收纳母亲常用的杂物，右侧收纳床品套装等常用物品。

床上收纳区

　　这个位置用来放置女儿的小物件，平时她在国外读书，我会把她的东西集中收纳在这里，虽然不常回来，但家里有一个属于她的小空间，让她的所有物品都能有个家，有种归属感。

画笔类

标签贴纸类

笔记本

盲盒

手办

饰品

电子产品

榻榻米柜

　　榻榻米的下方有 6 个收纳柜，每个柜体都装满了物品，有客用的被褥、枕头，有母亲不让丢弃的毛毯，有冬天以备不时之需的电热毯等不常用又必须留下的物品。

榻榻米柜

榻榻米抽屉

　　这里有 3 个抽屉，分别用来放母亲过来住时换洗的内衣裤、母亲的保健工具和换洗的抱枕套。

　　次卧的收纳空间被最大化利用起来，在这样寸土寸金的房价下，才不浪费。

榻榻米抽屉

次卧功能建构贴心提示

1. 参考家庭成员居住时长来确定次卧功能。

2. 不要让长久无人居住的床占据有效的居住空间，可考虑设计隐藏床加储物柜形式或榻榻米形式，居住、储物、休闲三不误。

3. 榻榻米柜适宜放置不常用又不舍得丢弃的物品，不适宜放置常用物品。

4. 两口之家如果暂时没有孩子，一定不要提前购买儿童床，尤其是上下床，大部分孩子5岁内基本不会自己睡，为了一个五六年不用的床而占据一个次卧房间不划算。

5. 如果有孩子但还未独立居住，次卧及儿童房依然不需要儿童床，但需要提前设计儿童玩具储物柜，满足孩子的玩具储物需求和独立玩耍空间。

　　买房子是为了居住更加舒适，不是为了闲置，你的次卧还在闲置吗？利用起来吧，算好一笔经济账很重要。

生活阳台

在都市生活中，房子的每一寸空间都要利用到极致，才能对得起寸土寸金的房价，所以我连一个小小的生活阳台也没有放过。其实这个空间并不能完全称之为生活阳台，因为无法接上下水，洗衣机没办法放在这里，这个小阳台就变成了兼具多重功能的区域，时而承接生活晾衣等杂事，时而摇身一变成为画室兼宠物的阳光房，"变脸"它是认真的。

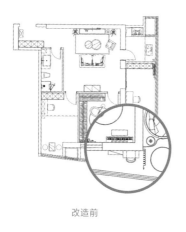

改造前

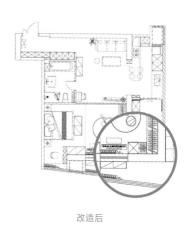

改造后

小阳台的大智慧

晾衣区

晾衣是这个空间最基本的功能，阳光充足，洗好的衣物可以在这个空间

里尽情地享受阳光浴，衣物经过阳光的照射可以起到杀菌的作用。因为有了这个充满阳光的阳台，家里并没有购买烘干机，这种天然的日光烘干功能在都市的房屋设计中已实属难得。

我原本想安装电动晾衣架，可在这狭小的空间内，电动晾衣架并不能很好地发挥最大的使用功能，会造成功能性浪费。思虑再三后，我选择了可折叠的晾衣架来实现日常晾晒衣物的功能，这个衣架的承重性很好，而且不占用空间，折叠起来也不影响空间的美观，不耽误这个空间的其他用途，可谓一举多得。

绘画区

　　在整个房子里我没有设计固定的空间用来绘画，而是根据心情的变化，选择在不同的环境下创作。这个阳台的角落平时空了一个位置，既可以看风景，又可以画画，而且私密独立，在这样的空间里，我常常会产生一些独特的创作灵感。

　　每每看到窗外的风景，我就会感谢当初冲动购房的自己，在这里可以安安静静地独处，让我忘记一切烦忧。天气好的傍晚，整个空间就会变得金灿灿的，这时，我会泡上一壶茶，等待太阳收起刺眼的光芒，等待远处的天边渐渐地染上薄薄的红晕，等到夕阳西下、繁星点点，享受接受了阳光洗礼后纯粹的自己与色彩共舞的美好时光。我认为，只有静心才能绘出好的作品，静心是对作品最基本的尊重，我很享受生活中点滴的仪式感。

宠物阳光房

　　果果是我养的小狗，已经 16 岁了，如果换算成人的年龄，大概已是百岁老人。如今它腿脚不灵便了，牙齿也脱落了，每天最喜欢做的事情就是找阳光最好的地方晒太阳。我把果果的"小家"安放在这里，这样它每天都能晒太阳，让它在阳光下颐养天年，愿这阳光能伴随它到生命的尽头。

利用好阳台的储物空间

在这样一个功能较多的空间里一定少不了收纳功能，我在墙边放了一个边柜，柜子里收纳了晾晒衣服用的衣架、养花用品和宠物用品，还有一些备用的收纳用品。大件物品直接摆放整齐，小件物品需要用收纳篮来分类收纳，同类物品一定要集中收纳，取用的时候只需要到一个地方找就可以了，非常方便。

生活阳台设计贴心提示

1. 洗好的衣物及时放回原来的位置，避免阳台凌乱。

2. 怕晒的物品不要收纳到阳光充足的阳台上。

3. 如果家里没有储物区，可以考虑在阳台两侧设计储物柜。

4. 没有生活阳台的家庭可以参考上文的晾衣架，隐藏式的设计不会破坏空间的整体性。

已经居住的家如何改造

生活在北京的曹女士，从事儿童教育相关工作，她家的户型是 2 室 2 厅 2 卫，使用面积是 95 平方米。她的收纳痛点是三代同堂人口多，孩子的玩具和物品多；衣服找不到，衣柜特别容易乱，整理后不久就会打回原形；鞋柜既放不下鞋子，也找不到鞋子；次卫变成了储物间，根本无法使用。让我们来看图片感受一下。

客厅

改造前：儿童玩具分布在家中的客厅、储物间、卧室等很多空间，物品收纳不集中，不易取用。

改造后：把客厅变成儿童活动区，增加了儿童玩具储物柜和软装配饰，给孩子一个独立成长的小空间。

改造前这个空间看上去并没有那么乱，只是大人、孩子的物品都混杂在一起，是一个没有明显边界感的空间。这个家庭原本只有夫妻二人在北京打拼，后来生了宝宝，现在 2 岁左右，自从宝宝出生后，曹女士的婆婆就过来帮忙带孩子。因为亲戚、朋友都不在北京，所以平时客厅的功能并不是会客，而是家人陪孩子玩耍的空间。由于是 2 室 2 厅 2 卫的户型，夫妻二人带着孩子使用一个房间，孩子的奶奶使用一个房间，没办法给孩子一个独立的儿童房。随着孩子逐渐长大，物品越来越多，很多东西都不能集中收纳在一起，因此经常找不到东西，这让从事儿童教育工作的曹女士也无从下手，无法在这种情况下给孩子一个良好的成长环境。

改造前

改造后

在这个家里，比起客厅更需要的是一个儿童娱乐区。平时家人都是陪孩子坐在地垫上玩耍，所以这个空间中使用率最低的就是沙发。改造后移出不常用的沙发，同时对房间原本成人化的壁纸、窗帘等软装进行了改造，又增加了五组收纳儿童玩具及书籍的收纳柜，把这里完完全全变成了孩子独立的娱乐空间，回归这个家庭的客厅最需要的使用功能。

儿童房改造的十大好处

1. 改变现有环境，带来愉悦心情。

2. 培养孩子良好的空间秩序感。

3. 养成良好的生活习惯。

4. 合理的收纳方式可以培养孩子的理性逻辑思维。

5. 提高物品使用效率，节约时间，实现高效。

6. 培养孩子专注力及时间规划能力。

7. 集中收纳提高孩子的统筹能力。

8. 培养孩子惜物及审美能力。

9. 通过取用物品培养孩子的决断力。

10. 良好的生活环境可以改善家庭亲子关系。

储物间

改造前：杂物、玩具、衣服随意堆放，杂乱不堪。

改造后：增加储物架，分类收纳物品，取用方便，兼顾卫生间使用功能。

只看改造前的样子，大家能判断出这是个卫生间吗？显然不能。因为三代同堂，一个卫生间根本不够用。最初装修房子的时候还没有孩子，但曹女

改造前　　　　　　　　　　　　　　　　　　　　　　改造后

士也为孩子准备了一个高低床，可有了孩子以后才发现高低床并不好用，上面基本放杂物，下面睡觉还压抑，最后就把这个高低床放在主卧卫生间用来放置杂物，但只能把各种物品堆积在床板上，显得凌乱不堪。改造后的卫生间兼具储物功能，原有的卫生间功能也都充分释放出来了，还恢复了洗衣功能，实用性大大增强。

改造前我们和屋主明确了一个必要的功能，恢复卫生间的原本功能——马桶能使用，还要放一台洗衣机。这是一个音乐世家，奶奶有琵琶和二胡，男主人有笛子和唢呐，女主人有手风琴和小提琴。还有他们各自收藏的物品，比如奶奶的演出服和制作演出服的面料、辅料，男主人收藏的唱片以及和魔术、体育相关的物品，女主人的各类教具和曾经的教案，都是他们不忍舍弃的物品。

这个工程量之大肉眼可见。我们首先淘汰了再也不会使用的高低床，在不影响马桶使用的区域增加了置物架，把所有需要保留的物品都进行分类，划分每个人的区域。上层较高不方便取用的区域留给了男主人，中间方便取用的区域留给了孩子的奶奶，下方区域留给了女主人——因为她的教案非常重，不适合收纳在上层。最后根据区域和类别，将不常用的物品放入百纳箱或纸箱内，常用的物品用收纳篮收纳。

但因为当时的使用状况，这个家中已经没有任何区域可以收纳他们各自心爱的物品，只能让卫生间兼具储物功能。因为这个卫生间空间狭小，不能洗澡，加之房子位于常年气候干燥的北京，只要勤开排风扇通风，就不会有潮湿发霉的现象（由于南北方气候不同，南方家庭如果也有同样的困扰，还要因地制宜来规划，此方案并不适用特别潮湿的空间）。

储物间改造小贴士

1. 将所有不常用又不想淘汰的物品放置在储物空间上层或深处。

2. 善用收纳工具分类存放，便于取用。

3. 3 个月以上不用的物品需贴好标签。

4. 常用小工具放置在视线黄金区域，一目了然。

卧室衣柜

改造前：挂衣区少，物品叠放凌乱，不易取用。

改造后：改变内部空间格局，增加挂衣区，取用方便不复乱。

改造后拆除了衣柜中多余的层板，增加了挂衣杆，选择了肩膀不出"包"的起落衣架替换原本因为太宽而使衣服变形的衣架，让原本只能挂下约 100 件衣服的空间可以挂到 250 件，这个数据是怎么来的呢？一般 90 厘米宽的衣柜平均可以挂约 50 件衣服，改造前有两个挂衣区，假设每个挂衣区挂 50 件衣服,合计就是 100 件衣服,改造后变成了 5 个挂衣区,合计就是 250 件衣服,事实上, 改造后的衣柜至少可以挂下约 350 件衣服。

如图所示, 原本衣柜的样子也让我们看到了家人努力去收纳整理的影子,

改造前

改造后

可是在错误的格局下做无用的整理，结果也是治标不治本，依然看不到物品放在哪里，找不到衣服，使用起来也不方便，而且极容易复乱。所以，拥有一个干净整洁的环境，从颠覆传统认知开始吧。

衣柜收纳小贴士

1. 审视衣柜现有格局是否能够满足当下衣服的收纳需求，并根据实际情况进行改造。

2. 更换统一衣架和收纳用品，美观整齐，节省空间，还不伤衣服。

3. 衣服能挂就不要叠，根据衣服的款式集中悬挂。

4. 小件物品叠放在抽屉里。

5. 换季衣物用百纳箱收纳后放在衣柜最上方储物区。

书柜

改造前：原书柜老旧，书籍和杂物无分区、分类，原书柜无门。

改造后：更换带柜门的书柜，将杂物与书籍进行分区并分类收纳，提升空间整体舒适度。

改造前，这个空间里大人和孩子的书籍与日常杂物混放在一起，显得格外凌乱，往往找一本书或者一件物品需要很长时间，听说经常因为找不到东西而引发家庭矛盾。其实原有的书柜完全可以放下家里所有的书，只是因为书柜太深，书的前面会多出 8~10 厘米的闲置区域，家人们就会随手把杂物放在这个多出来的位置上。即便是收拾了也经常复乱，最后女主人也不想收拾了，就变成改造前的这个样子。

改造后把杂物和书籍分开，物品分类摆放，常用的书陈列在上方玻璃柜门内，不常用的书放在下方掩体柜门内，也帮杂物找到各自的"家"，将这个区域还原成安静的读书区，这样才能有心情静静地品味书香。

改造前

改造后

书柜收纳小贴士

1. 常用书籍放在视线黄金区域。

2. 小摆件一定不要放在书前面，不但易乱也不好取用。

3. 票据、参考书、文件等物品分类后放置在下方储物区。

4. 尺寸过大不规整的书籍、文件等物品，如儿童绘本、设计类图书、影集等也放置在下方储物区。一是为了陈列整齐，二是因为还在读绘本的孩子通常个子不高，放在上面孩子取用不到，所以单独空出下方储物区的一组柜子放儿童读物，也是不错的选择。

鞋柜

改造前：内部空间浪费，格局不合理，找不到鞋子。

改造后：满足鞋柜基本收纳需求，杂物集中收纳，空间扩容至少 50%。

改造前的鞋柜层板区特别少，所以主人在原来的空间里加入了简易置物架，大家仔细看一下，简易置物架已经把竖板撑变形，非常危险（在拍这组照片的时候，我们临时把柜门拆掉了，这样看上去更直观）。所以在柜子中一定不要加这种简易置物架，柜体会变形。我们换掉了简易置物架，增加了层板，原本这个空间只能看见不到 10 双鞋，改造以后放了整整 80 双鞋，还不算下面小朋友的鞋，一目了然，这种感觉多好。

这个鞋柜深度为 60 厘米，与常规衣柜深度一样，摆放鞋子的时候，如果里面放一双，外面放一双，会导致里面的鞋子看不到也不好取用，调整成里面放一只，外面放一只，就可以解决这个问题了。

改造前　　　　　　　　　　　　　　　　　　　改造后

鞋柜收纳小贴士

1. 根据鞋子的高度调整层板的高度，不浪费空间。

2. 常穿的鞋子放在视线黄金区域的高度，方便取用。

3. 靴子收纳可以拆掉部分层板，扩容高度。

4. 鞋油、鞋垫、鞋带等小件物品置在抽屉区，没有抽屉的用收纳篮代替。

5. 适当保留鞋盒用来做换季收纳，放在柜子最上方。

6. 不要用简易层板（置物架）增加层数，柜体容易变形，有安全隐患。

7. 根据鞋柜的深度选择不同的陈列方法摆放鞋子，可以节省空间，方便取用。

这个家庭并不是个案，而是很多家庭的现状，所以，凌乱的真相到底是什么？是你懒吗？不是。是你爱"买买买"吗？也不是。是你不会整理收纳吗？都不是。是你的储物空间"生病了"，是它已经满足不了当下物品的储物需求了，是你发自内心不想再将就了。

　　经常有客户给我打来电话说："你这么一收拾，客厅就空了不少，我是不是应该买一块地毯？有了地毯，是不是该有一幅画呢？"很简单的道理，厨房干净了，你就愿意做饭。卧室舒服了，你就想点个香薰蜡烛。在杂乱无章的环境里，花瓶只能是一个闲置品，但收拾完，你就会开始思考，是不是该买束花让家变得更有生机、更温馨，改变就是这样开始的。

　　让每个空间的物品都可以"找得着、看得见、用得上"，才能实现整理后的可持续状态，这就是我提出的"留存道"空间管理体系的底层逻辑。

家庭空间的四个维度

　　家庭空间就像多元的内核，是家庭生活运转不可缺少的一部分，而在新房的空间规划中，这四个维度缺一不可，任何时间来思考家庭空间的使用，都跳不开这四个维度。

　　一维：盒子

　　二维：柜子

　　三维：屋子

　　四维：房子

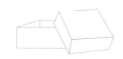

盒子

柜子

屋子

房子

第四维度——房子

房子的装修格局，如修改墙体、改水、改电等，都是应该在这个维度思考的。如果这个维度没有做好，那么未来其他几个维度的规划也会受到影响。这个维度的设计通常是室内设计师与业主沟通后完成的。需要注意的是，要选择与你生活方式一致的设计师，他的生活方式决定了是否能够理解并满足你的居住诉求。

第三维度——屋子

在整个房子里，每个屋子都有相应的功能性，如卧室、客厅、餐厅、厨房、书房、儿童房等，不同的屋子里有不同的生活场景，表现了家庭成员在不同空间的不同状态，这点非常重要。很多家庭因为没有空间边界，而导致家庭矛盾频发，家庭成员间互相推诿。这个维度是为了提前规划家庭的独立空间及公共空间，让家的空间边界更清晰，家庭成员生活更自在。

第二维度——柜子

如果说屋子是家庭成员空间的边界，那么柜子则是物品数量的边界。每个空间柜子的容量都是有限的，在有限的空间里放置超出空间容量的物品，凌乱的状态便是必然现象。

每个空间场景都有相应的物品需要收纳，也相应有着不同的变化，如衣服收纳在卧室衣柜，锅、碗、瓢、盆收纳在橱柜，鞋子收纳在玄关柜，书籍收纳在书柜等，不同的柜子在各个空间起到的作用也不同，所收纳的物品也不同，所以要根据空间的定义来设计相应的柜体，满足不同空间内物品的储物需求。这里大家往往关注的是柜子的造型与颜色，但其实最需要注意的是柜子的内部格局。每件物品都有相应的尺寸，要按需定制柜子，实现柜子的最大容积率，给每个空间的物品数量限定一个合理的边界，超出边界的物品要想进入柜子，只需要对已有物品进行取舍，让柜子里的物品会循环，会呼吸。

第一维度——盒子

众所周知，有了柜子也是无法满足家庭收纳功能的，把东西都堆到柜子里，想使用的时候翻找也比较麻烦，这时盒子就起到了关键性的作用。将柜子里的物品进行分类，把分好类别的物品放到相应的收纳盒内，合并同类项，一目了然，可以轻松取用。

综上，这四个维度的组合才是一个完整的生活体，才是新房规划的正确逻辑顺序。除了空间规划，在新房规划时还有几种居住情况需要注意，我来一一分析一下，希望可以帮到大家。

已有户型无法改动

已经买了房子，但户型不能改动或者不想改动的人，需要从第三维度开始思考。户型改不了，就考虑各个房间的功能性，定制相应的柜子（第二维度），再将相应的物品分类收纳在盒子（第一维度）里。

已经定制好每个房间的柜子

所有的柜子已经都定制好，该怎么做才能让空间有序呢？需要从第二维度开始思考。确认已经定制好的柜子内部格局是否合理，能不能满足当下物品的储物需求，一般新房、新柜子不会有这种烦恼，通常在搬新家的时候，旧家的很多东西都已经舍弃，东西不是特别多，只需要把物品分类收纳在盒子里，保持已有空间的物品使用有序就可以了。如果物品超出柜子的容量，需要进行内部格局改造。

已经在房子里生活了一段时间

　　已经生活了一段时间的房子通常会有不同程度的收纳烦恼，家中的物品逐年增多，越多越乱，导致原本分布在第二维度的物品遍布第三维度的各个角落，这个现象明显已经越界，主要表现在以下两个方面：第一，超越了第三维度的定义；第二，超越了第二维度的定义。解决方法同上，如果物品超出柜子的容量，需要进行内部格局改造。

　　关于空间规划的收纳细节和居住情况的改造方法，大家可以参照书内对应文字，并结合各自实际情况进行调整。

　　家庭空间有四个维度，而完成这本书也需要多方不同维度的极力配合，说到这里，我不得不感谢一个人——中信出版社 24 小时工作室的主编曹萌瑶，从我写第一本书起，她就一直在鼓励我，但我们之前都无缘牵手，在她的一再坚持下，才终于有了这本书，感谢这份信任。除此之外，要感谢的人太多了，我要感谢对画面不将就的摄影师李明年，对布局不将就的室内设计师张博，对视觉设计不将就的装帧设计师侯明洁，对排版细节不将就的平面设计师王金雁、王小叶、王恒月，把职业讲述给大家听的空间管理师傅子铎，还有统筹全场的美丽编辑杨洁，人美、心细、有耐心。也要感谢索菲亚家居、箭牌家居和司米橱柜支持我非标准定制设计的完成。这本书的背后是各个维度的不将就，各个环节的不将就，希望这种不将就的生活态度可以伴随这本书与你一起，直到永远。